全国餐饮职业教育教学指导委员会重点课题“基于烹饪专业人才培养目标的中高职课程体系与教材开发研究”成果系列教材
餐饮职业教育创新技能型人才培养新形态一体化系列教材

总主编 ◎杨铭铎

西餐工艺

主　编　高海薇　边振明
副主编　胡建国　张振宇　王炳华
编　者　（按姓氏笔画排序）
王炳华　王鹏宇　申　丹　边振明
邢　君　刘广喜　张振宇　陈　珺
陈　琦　胡建国　高海薇

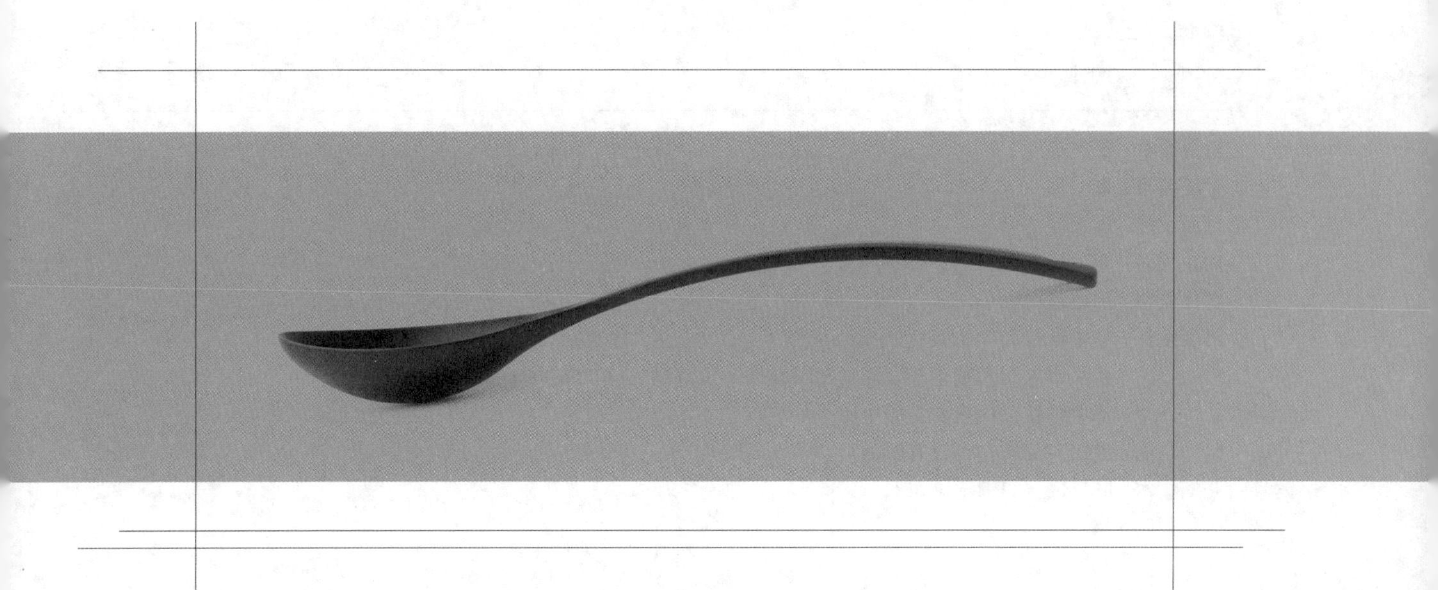

華中科技大學出版社
http://press.hust.edu.cn
中国 · 武汉

内容提要

本书是全国餐饮职业教育教学指导委员会重点课题"基于烹饪专业人才培养目标的中高职课程体系与教材开发研究"成果系列教材、餐饮职业教育创新技能型人才培养新形态一体化系列教材。

本书分为七个模块：西餐工艺导论、西餐工艺基础、冷菜制作、热菜制作、餐后甜点制作、菜点装盘与装饰和西餐菜单。

本书以西餐工艺中各门类经典产品为代表，以真实工作任务为导向组织内容，理论阐述系统、实用性强，既可作为职业院校烹饪工艺与营养、西式烹饪工艺、酒店管理和餐饮管理等专业的教材，也可以作为餐饮业和西餐管理人员的学习手册。

图书在版编目(CIP)数据

西餐工艺/高海薇，边振明主编. —武汉：华中科技大学出版社，2021.8（2025.2重印）
ISBN 978-7-5680-7395-0

Ⅰ. ①西…　Ⅱ. ①高…　②边…　Ⅲ. ①西式菜肴-烹饪-职业教育-教材　Ⅳ. ①TS972.118

中国版本图书馆 CIP 数据核字(2021)第 165865 号

西餐工艺
Xican Gongyi　　　　高海薇　边振明　主编

策划编辑：汪飒婷
责任编辑：余　雯
封面设计：廖亚萍
责任校对：李　弋
责任监印：周治超
出版发行：华中科技大学出版社（中国·武汉）　　电话：(027)81321913
　　　　　武汉市东湖新技术开发区华工科技园　　邮编：430223
录　　排：华中科技大学惠友文印中心
印　　刷：武汉科源印刷设计有限公司
开　　本：889mm×1194mm　1/16
印　　张：14
字　　数：397 千字
版　　次：2025 年 2 月第 1 版第 4 次印刷
定　　价：59.00 元

全国餐饮职业教育教学指导委员会重点课题

“基于烹饪专业人才培养目标的中高职课程体系与教材开发研究”成果系列教材

餐饮职业教育创新技能型人才培养新形态一体化系列教材

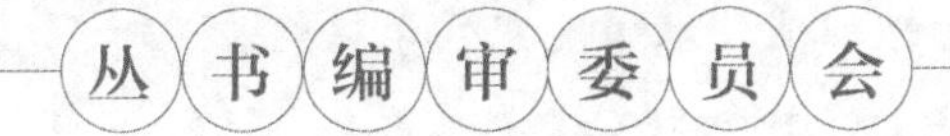

网络增值服务

使用说明

欢迎使用华中科技大学出版社医学资源网

教师使用流程

（1）登录网址：http://yixue.hustp.com（注册时请选择教师用户）

注册 → 登录 → 完善个人信息 → 等待审核

（2）审核通过后，您可以在网站使用以下功能：

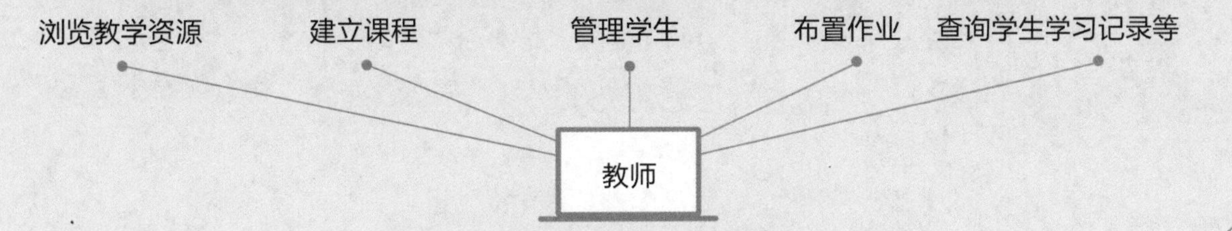

学员使用流程

（建议学员在PC端完成注册、登录、完善个人信息的操作。）

（1）PC端学员操作步骤

① 登录网址：http://yixue.hustp.com（注册时请选择普通用户）

注册 → 登录 → 完善个人信息

② 查看课程资源：（如有学习码，请在“个人中心—学习码验证”中先通过验证，再进行操作）

（2）手机端扫码操作步骤

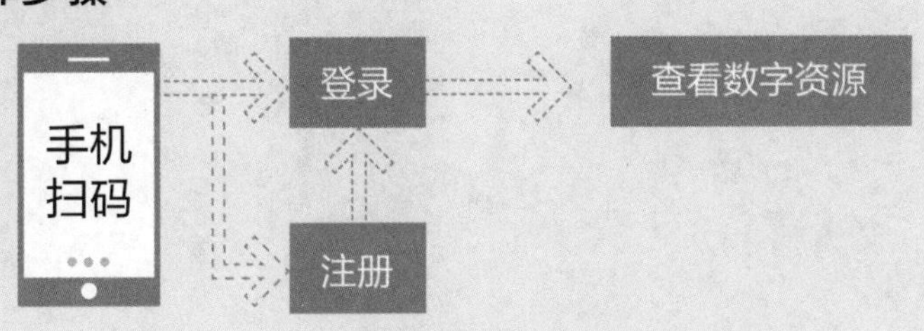

开展餐饮教学研究　加快餐饮人才培养

餐饮业是第三产业重要组成部分，改革开放40多年来，随着人们生活水平的提高，作为传统服务性行业，餐饮业对刺激消费需求、推动经济增长发挥了重要作用，在扩大内需、繁荣市场、吸纳就业和提高人民生活质量等方面都做出了积极贡献。就经济贡献而言，2018年，全国餐饮收入42716亿元，首次超过4万亿元，同比增长9.5%，餐饮市场增幅高于社会消费品零售总额增幅0.5个百分点；全国餐饮收入占社会消费品零售总额的比重持续上升，由上年的10.8%增至11.2%；对社会消费品零售总额增长贡献率为20.9%，比上年大幅上涨9.6个百分点；强劲拉动社会消费品零售总额增长了1.9个百分点。全面建成小康社会的号角已经吹响，作为满足人民基本需求的饮食行业，餐饮业的发展好坏，不仅关系到能否在扩内需、促消费、稳增长、惠民生方面发挥市场主体的重要作用，而且关系到能否满足人民对美好生活的向往、实现小康社会的目标。

一个产业的发展，离不开人才支撑。科教兴国、人才强国是我国发展的关键战略。餐饮业的发展同样需要科教兴业、人才强业。经过60多年特别是改革开放40多年来的大发展，目前烹饪教育在办学层次上形成了中职、高职、本科、硕士、博士五个办学层次；在办学类型上形成了烹饪职业技术教育、烹饪职业技术师范教育、烹饪学科教育三个办学类型；在学校设置上形成了中等职业学校、高等职业学校、高等师范院校、普通高等学校的办学格局。

我从全聚德董事长的岗位到担任中国烹饪协会会长、全国餐饮职业教育教学指导委员会主任委员后，更加关注烹饪教育。在到烹饪院校考察时发现，中职、高职、本科师范专业都开设了烹饪技术课，然而在烹饪教育内容上没有明显区别，层次界限模糊，中职、高职、本科烹饪课程设置重复，拉不开档次。各层次烹饪院校人才培养目标到底有哪些区别？在一次全国餐饮职业教育教学指导委员会和中国烹饪协会餐饮教育委员会的会议上，我向在我国从事餐饮烹饪教育时间很久的资深烹饪教育专家杨铭铎教授提出了这一问题。为此，杨铭铎教授研究之后写出了《不同层次烹饪专业培养目标分析》《我国现代烹饪教育体系的构建》，这两篇论文回答了我的问题。这两篇论文分别刊登在《美食研究》和《中国职业技术教育》上，并收录在中国烹饪协会发布的《中国餐饮产业发展报告》之中。我欣喜地看到，杨铭铎教授从烹饪专业属性、学科建设、课程结构、中高职衔接、课程体系、课程开发、校企合作、教师队伍建设等方面进行研究并提出了建设性意见，对烹饪教育发展具有重要指导意义。

杨铭铎教授不仅在理论上探讨烹饪教育问题，而且在实践上积极探索。2018年在全国餐饮职业教育教学指导委员会立项重点课题“基于烹饪专业人才培养目标的中高职课程体系与教材开发研究”(CYHZWZD201810)。该课题以培养目标为切入点,明晰烹饪专业人才培养规格;以职业技能为结合点,确保烹饪人才与社会职业有效对接;以课程体系为关键点,通过课程结构与课程标准精准实现培养目标;以教材开发为落脚点,开发教学过程与生产过程对接的、中高职衔接的两套烹饪专业课程系列教材。这一课题的创新点在于:研究与编写相结合,中职与高职相同步,学生用教材与教师用参考书相联系,资深餐饮专家领衔任总主编与全国排名前列的大学出版社相协作,编写出的中职、高职系列烹饪专业教材,解决了烹饪专业文化基础课程与职业技能课程脱节,专业理论课程设置重复,烹饪技能课交叉,职业技能倒挂,教材内容拉不开层次等问题,是国务院《国家职业教育改革实施方案》提出的完善教育教学相关标准中的持续更新并推进专业教学标准、课程标准建设和在职业院校落地实施这一要求在烹饪职业教育专业的具体举措。基于此,我代表中国烹饪协会、全国餐饮职业教育教学指导委员会向全国烹饪院校和餐饮行业推荐这两套烹饪专业教材。

习近平总书记在党的十九大报告中将“两个一百年”奋斗目标调整表述为:到建党一百年时,全面建成小康社会;到新中国成立一百年时,全面建成社会主义现代化强国。经济社会的发展,必然带来餐饮业的繁荣,迫切需要培养更多更优的餐饮烹饪人才,要求餐饮烹饪教育工作者提出更接地气的教研和科研成果。杨铭铎教授的研究成果,为中国烹饪技术教育研究开了个好头。让我们餐饮烹饪教育工作者与餐饮企业家携起手来,为培养千千万万优秀的烹饪人才、推动餐饮业又好又快地发展,为把我国建成富强、民主、文明、和谐、美丽的社会主义现代化强国增添力量。

姜俊贤

全国餐饮职业教育教学指导委员会主任委员

中国烹饪协会会长

《国家中长期教育改革和发展规划纲要(2010—2020年)》及《国务院办公厅关于深化产教融合的若干意见》(国办发〔2017〕95号)等文件指出:职业教育到2020年要形成适应经济发展方式的转变和产业结构调整的要求,体现终身教育理念,中等和高等职业教育协调发展的现代教育体系,满足经济社会对高素质劳动者和技能型人才的需要。2019年2月,国务院印发的《国家职业教育改革实施方案》中更是明确提出了提高中等职业教育发展水平、推进高等职业教育高质量发展的要求及完善高层次应用型人才培养体系的要求;为了适应"互联网+职业教育"发展需求,运用现代信息技术改进教学方式方法,对教学教材的信息化建设,应配套开发信息化资源。

随着社会经济的迅速发展和国际化交流的逐渐深入,烹饪行业面临新的挑战和机遇,这就对新时代烹饪职业教育提出了新的要求。为了促进教育链、人才链与产业链、创新链有机衔接,加强技术技能积累,以增强学生核心素养、技术技能水平和可持续发展能力为重点,对接最新行业、职业标准和岗位规范,优化专业课程结构,适应信息技术发展和产业升级情况,更新教学内容,在基于全国餐饮职业教育教学指导委员会2018年度重点课题"基于烹饪专业人才培养目标的中高职课程体系与教材开发研究"(CYHZWZD201810)的基础上,华中科技大学出版社在全国餐饮职业教育教学指导委员会副主任委员杨铭铎教授的指导下,在认真、广泛调研和专家推荐的基础上,组织了全国90余所烹饪专业院校及单位,遴选了近300位经验丰富的教师和优秀行业、企业人才,共同编写了本套餐饮职业教育创新技能型人才培养新形态一体化系列教材、全国餐饮职业教育教学指导委员会重点课题"基于烹饪专业人才培养目标的中高职课程体系与教材开发研究"成果系列教材。

本套教材力争契合烹饪专业人才培养的灵活性、适应性和针对性,符合岗位对烹饪专业人才知识、技能、能力和素质的需求。本套教材有以下编写特点:

1.权威指导,基于科研　本套教材以全国餐饮职业教育教学指导委员会的重点课题为基础,由国内餐饮职业教育教学和实践经验丰富的专家指导,将研究成果适度、合理落脚于教材中。

2.理实一体,强化技能　遵循以工作过程为导向的原则,明确工作任务,并在此基础上将与技能和工作任务集成的理论知识加以融合,使得学生在实际工作环境中,将知识和技能协调配合。

3.贴近岗位,注重实践　按照现代烹饪岗位的能力要求,对接现代烹饪行业和企业的职业技能标准，将学历证书和若干职业技能等级证书（“1＋X”证书）内容相结合，融入新技术、新工艺、新规范、新要求，培养职业素养、专业知识和职业技能，提高学生应对实际工作的能力。

4. 编排新颖，版式灵活　注重教材表现形式的新颖性，文字叙述符合行业习惯，表达力求通俗、易懂，版面编排力求图文并茂、版式灵活，以激发学生的学习兴趣。

5. 纸质数字，融合发展　在媒体融合发展的新形势下，将传统纸质教材和我社数字资源平台融合，开发信息化资源，打造成一套纸数融合一体化教材。

本系列教材得到了全国餐饮职业教育教学指导委员会和各院校、企业的大力支持和高度关注，它将为新时期餐饮职业教育做出应有的贡献，具有推动烹饪职业教育教学改革的实践价值。我们衷心希望本套教材能在相关课程的教学中发挥积极作用，并得到广大读者的青睐。我们也相信本套教材在使用过程中，通过教学实践的检验和实际问题的解决，能不断得到改进、完善和提高。

为适应我国西餐餐饮市场，达到培养西餐人才的目的，我们编写了本教材。本教材以"理论讲透、技能练够、训练同步、素养培育"为原则，以任务驱动、项目导向、学做一体的教学模式对教材内容进行整合，强调教材内容体系与西餐工艺实际岗位工作内容相结合，注重工艺理论阐述紧密围绕实际操作，强调知识学习与职业素养养成相互融通，突出工艺与实训的有机结合，强调立德树人，强化职业素养的培育，树立正确的从业意识。

通过对本教材的学习，学生能够了解西餐发展的概况，掌握西餐冷菜、热菜、汤及甜品等项目的制作方法，并能对西餐菜肴进行装饰，能够列出西餐零点菜单与宴会菜单，将西餐技艺运用到实践当中去。

本教材在编写过程中有以下几个特点。

(1) 模块明晰，内容实用。根据行业发展的新特点、新要求，将西餐技能模块化，使学生能够全面系统地掌握西餐制作工艺。

(2) 以理论为主线，以任务为驱动，突出理论与学生实训内容相对应。理论知识点的阐述是围绕具体工作任务的完成而进行的，力求做到"理论够用、操作熟练"。

(3) 按照西餐岗位的要求，着重训练学生掌握不同的岗位所需要的能力。实训菜肴进行标准量化，有利于培养学生的理解能力与创新能力。

(4) 配有大量图片，增进了教材的可读性与直观性。

本教材既可作为职业院校烹饪工艺与营养、西式烹饪工艺、酒店管理和餐饮管理等专业的教材，也可以作为餐饮业和西餐管理人员的学习手册。本教材由上海师范大学旅游学院/上海旅游高等专科学校高海薇、酒泉职业技术学院边振明担任主编。参与编写的人员有济南大学胡建国、四川旅游学院张振宇、浙江商业职业技术学院王炳华、哈尔滨商业大学王鹏宇、上海市信息管理学校陈珺、黄冈职业技术学院申丹、济南市技师学院邢君、国际品牌五星级酒店行政总厨刘广喜和五星级酒店西餐厨师长陈琦。

本教材在编写的过程中，借鉴了国内外相关文献资料，还得到了上海师范大学旅游学院/上海旅游高等专科学校相关领导的大力支持。在此一并表示感谢。

由于编者水平有限，书中难免存在不妥与错漏之处，敬请读者批评指正。

编　者

目录

模块一

西餐工艺导论

项目一

西餐概述

本模块课件

项目导论

在我国，西餐通常有广义和狭义两种定义。

广义的西餐，一般指世界上除中国外的其他国家的菜肴、点心，以及制作这些菜点所运用的技术、技法和工艺、文化等的统称。

狭义的西餐，一般指欧洲、美洲、大洋洲等国家的菜肴、点心，以及制作这些菜点所运用的技术、技法和工艺、文化等的统称。

本书所涉及的西餐工艺，主要是狭义的西餐。

项目目标

1. 熟悉西餐的发展历史。
2. 了解西餐的主要流派。
3. 掌握西餐的工艺与技术特征。

任务一 西餐简史

西餐的发展历史源远流长，它是随着西方文明进程的推进逐步发展的。在英国、法国、西班牙、德国、意大利、奥地利、俄罗斯等国家已经有相当长的历史，并在发展中形成了各自独特的风格。

一、地中海时期的西餐

西方文明是在地中海沿岸地区发展起来的。地中海东西长 4000 千米，南北最宽处 1800 千米，海域面积约 250 万平方千米。它的地理位置比较特殊，是一片欧亚非交界的边缘地带(地中海北面是欧洲大陆、南面是非洲大陆，东面是亚洲的中东地区)。在古代，这片被称作“富饶的月牙”的土地是西方文明的发源地。据有关史料记载，公元前 3500 年，地中海南岸的埃及就已经形成了统一的国家，历经古王国时期、中王国时期和新王国时期，创造了灿烂的古埃及文明。尼罗河不仅给其下游带来了充沛的水源和肥沃的土地，更带来了生机和繁荣，许多出土文物也都证明了这一点。餐饮业在这一时期有较大的发展。古埃及有一幅画展示了公元前 1175 年底比斯的宫廷焙烤场面，画中可看到几种面包和蛋糕的制作场景，而且有组织的烘焙作坊在当时已经出现。据统计，在古埃及帝国中，面包和蛋糕品种达 16 种之多。

公元前 1900 年，多瑙河流域的一支部落移民到了古希腊地区，与当地的土著融合之后，发展成一支比较先进、文明的族群。受到古埃及文化的影响，古希腊人创造了欧洲最古老的文化，成为欧洲文明的中心。当时古希腊的贵族很讲究饮食，宫廷厨师已经掌握了 70 种面包的制作方法，成为当时

世界上最具盛名的烘焙师。古希腊人曾用面粉、油和蜂蜜制作了一种煎油饼，还制作了一种装有葡萄和杏仁的塔，这也许是最早的食物塔。此外，亚里士多德在他的著作中曾多次提到各种烘焙方法。

公元前753年，古罗马人建立了罗马城。在军事胜利的同时，手工业、农业的发展也很快。在烹饪方面，由于受古希腊文化的影响，古罗马宫廷膳食厨房分工很细，由面包、菜肴、果品、葡萄酒四个专业部分组成，厨师主管的地位与贵族大臣相同。当时已经有素油、柠檬、胡椒粉、芥末等调味品或复合调味料，在举行特别盛大的宴会时，主人会重金礼聘高级厨师来掌厨，以彰显荣耀。此外，古罗马人还创制出世上最早的奶酪蛋糕，并将这一传统保持下来，直到现在世界上最好的奶酪蛋糕仍然出自于意大利。在哈德良皇帝统治时期，古罗马帝国在帕拉丁山建立了厨师学校和专门的烘焙协会，以传播烹饪技术。

在古希腊的西西里岛上，就出现了高度发达的烹饪文化。煎、炸、烤、焖、蒸、煮、炙、熏等烹调方法均已出现，技术高超的厨师很受社会的尊敬。尽管当时的烹饪文化有了一定的发展，但人们的用餐方法仍是以抓食为主，餐桌上的餐具还不完备，餐刀、餐叉、汤匙、餐巾等都没有出现。西餐餐桌上的刀、叉、匙都是由厨房用的工具演变而来。

二、文艺复兴时期的西餐

15世纪中叶是文艺复兴时期，饮食同文艺一样，以意大利为中心发展起来，在贵族举行的宴会上涌现出各种名菜、面点。至今仍驰名世界的空心面就是那时出现的。到了16世纪初中叶，法国安利二世王后卡特利努·美黛希斯喜欢研究烹调方法，她从意大利雇用了大批技艺高超的烹调大师，在贵族中传授烹调技术，这样不仅使宫廷、王府的菜肴质量显著提高，同时使烹调技术广为流传，促使法国的烹饪行业迅速发展起来。后来，法国有位叫蒙得弗德的人举行宴会时，为了让客人预先知道全部宴席的菜品，他让管家在宴会前用羊皮纸写好菜名，放置在每个座位前，这就成了西餐菜谱(单)的开始。

1661—1715年，由于讲究饮食而被人称为"美食家"的法国国王路易十四在宫廷中发起了烹饪大赛，给优胜者颁发奖章及奖赏，从而推动了烹饪行业的蓬勃发展，一时间宫廷内佳肴美馔迭出。宫廷和上层社会的饮食攀比热潮，直接推动了整个社会的烹饪行业的发展。1765年在法国出现了餐厅，1789年法兰西革命后，面向一般顾客的餐厅像雨后春笋般发展起来，供餐形式是采取每人一份的方法。不久后出现了零点菜谱，但只是简化了的宫廷菜。19世纪初叶，餐桌上的规矩大致与现在相同。第二次世界大战以后，才出现了许多新的餐具，不但配套成龙，而且有着严格的摆放要求及使用方法。

在此期间，中国青花瓷传入了欧洲，西餐餐具从单一的金属器皿、玻璃器皿和软质陶器到加入中国元素，大大丰富了餐饮文化。中国青花瓷"蓝白"色彩的淡雅、精美，获得了欧洲人的喜爱，于是欧洲人便开始了对瓷器的研制。接着，英国烧制出了洁白的骨质瓷，而且造型、质地不断更新，丰富了西餐的餐具，开创了西餐的新纪元。

三、西餐在中国的传入与发展

西餐是从西方国家逐渐传入我国的。我国人民与西方人民的交往由来已久，远在两千年前，就打通了通往西方的"丝绸之路"。但在漫长的封建社会里，我国执行的是闭关锁国的政策，加上交通工具落后，所以这些交往是很有限的，在生活上只限于一些物产的相互交流。到了17世纪中叶，西方已出现资本主义，到我国的商船逐渐增多，一些传教士和外交官不断到我国内地传播西方文化，同时也将西餐技术带到了中国。据记载，1620年来华的德国传教士汤若望在京居住期间，曾用"蜜面"和以"鸡卵"制作的"西洋饼"来招待中国官员，食者皆"诧为殊味"。

西餐真正传入我国还是在1840年鸦片战争以后，我国的国门被打开，大量西方人民进入我国，特别是西方传教士不断进入中国传播西方文化，在保留他们自己的饮食方式的同时，为了社交需要，也雇用中国人民进行帮厨，这样一来，西餐的饮食方式渐渐传入民间，西餐技术逐渐为我国厨师所掌握。到光绪年间，在外国人较多的上海、北京、广州、天津等地，出现了由中国人经营的西餐厅(当时

称“番菜馆”),以及咖啡厅、面包房等。据清末史料记载,最早的“番菜馆”是上海福州路的“一品香”,继之为“海天春”“一家春”“江南春”“万家春”等;在北京最早出现的是“醉琼林”“裕珍园”等。1900年,两个法国人在北京创办了北京饭店,1903年建立了得利面包房。此后,西班牙人又创办了三星饭店,德国人开设了宝珠饭店,希腊人开设了正昌面包房,俄国人开设了石根牛奶厂等。从20世纪20年代初开始,上海的西餐也得到了迅速发展,出现了几家大型的西式饭店,如礼查饭店(现浦江饭店)、汇中饭店(现和平饭店南楼)、大华饭店等。进入20世纪30年代,又相继建起了国际饭店、华德饭店、都城饭店、上海大厦等。这些饭店除接待住宿外,都以经营西餐为主。此外,广州的哥伦布餐厅、天津的维克多利餐厅、哈尔滨的马迭尔餐厅等也很有名气。总之,20世纪20年代、30年代是西餐在中国传播和发展最快的时期。俄式红菜头汤见图1-1-1,上海借鉴俄式红菜头汤技法制作的罗宋汤见图1-1-2。

图1-1-1　俄式红菜头汤

图1-1-2　罗宋汤

1949年新中国成立以后,西餐又有了新的发展。北京在20世纪50年代建成的莫斯科餐厅、友谊宾馆、新侨饭店及北京饭店西楼等都设有西餐厅。由于当时与苏联及东欧国家交往密切,所以20世纪50年代和60年代我国西餐主要发展了俄国菜。

党的十一届三中全会后,随着我国对外开放政策的实施、经济的发展和旅游业的兴起,西餐在我国的发展又进入了一个新的时期。20世纪80年代后,在北京、上海、广州等地相继兴起了一批设备齐全的现代化饭店,世界上著名的希尔顿、喜来登、假日饭店等新型的饭店集团也相继在中国设立了连锁店。这些饭店都聘用了西方厨师,他们带来了现代的西餐技术。同时,一些老饭店也不断更新设备和技术,使西餐在我国得到了迅速发展。菜系也出现了以法国菜为主,英、美、意、俄等菜式全面发展的格局。

现在,我国作为改革开放的国家,西餐得以迅速发展,大多数中国人民逐渐接受西餐。这也要归功于肯德基和麦当劳进入中国市场,肯德基和麦当劳用它们自己特有的现代经营方式和理念很快在中国推广了西方饮食文化。很多星级酒店的早餐都出现了以西式自助餐为主的餐饮方式,给企业带来了新的经营理念。

随着国际化的发展步伐,“地球村”的理念已经走进了世界各国人民的心里,各国生活方式的交融让人们的生活丰富多彩。西餐的快速发展,使得西餐行业出现求贤若渴的状态,这对于学习西餐专业的学生更是一个实现自我价值的机遇。

任务二　西餐主要流派特点

西餐的流派,一般根据国家来区分,比如法国菜、意大利菜、西班牙菜、美国菜等。虽然西方各个国家之间有较深的渊源,但由于不同国家历史、地理、气候、风俗等众多因素的差异,西方各国的饮食各具特色,异彩纷呈。

一、意大利菜

意大利菜被称为“欧洲大陆烹饪始祖”，它是意大利悠久历史和文化的结晶。

资料显示，在古罗马时代，厨师并不是奴隶，而是拥有一定社会地位的人，这为当时的烹饪行业发展提供了坚实的保障。在哈德良皇帝统治时期，古罗马帝国甚至在帕拉丁山建立了一所厨师学校，以发展烹调技艺。古罗马人举办的宴会不仅菜点丰富多彩，制作水平也相当高，特别是在面食制作方面。如今意大利面条、比萨等面食仍然享誉全球（图 1-1-3、图 1-1-4）。

图 1-1-3　意大利面条

图 1-1-4　意大利比萨

❶ 不同地区饮食具有浓郁地方特色　公元 1861 年前，意大利并不是统一的国家，而是由许多个不同的小国家组成。因此，在悠久的历史长河中，各自为政的小国家，凭借着不同地域的独特食材和技法，独立地发展着它们特有的饮食文化、烹饪技术。即使统一后，不同地区的饮食发展仍相对独立，因此意大利饮食具有明显的地域特色。

❷ 善于运用橄榄油与醋调味　意大利盛产优质的橄榄油与醋。意大利的橄榄资源丰富，而且有着悠久的食用历史和高超的萃取技术，可以生产出品质上乘的橄榄油。意大利醋的制作历史也同样悠久，意大利盛产许多闻名世界的醋，如黑醋（香脂醋），其风味独特。意大利烹饪的调味，擅长使用优质橄榄油与醋。意大利流行的沙拉品种，大多用橄榄油和醋与各种蔬菜拌和。用火腿片或香肠片制作的经典意大利开胃菜，也只需淋上橄榄油增香即可。

❸ 面食种类繁多，闻名于世　意大利面食种类繁多，闻名世界。意大利面食有数百种之多，大致可分成两大类，一是面条或面片；二是带馅的面食，如饺子、夹馅面片、夹馅粗通心粉等。意大利面食的烹调方法也很多，除了常用的煮制外，还可以焗、拌、烩、炒等。

二、法国菜

法国菜被誉为“欧洲烹饪之冠”，是西餐中最有影响力的流派之一。

法国菜主要有三大流派：一是古典法国菜派系。它起源于法国大革命前，主要流行于皇室贵族中。古典法国菜派系对烹调和服务等要求严格，从选料到最后的装盘，都要求完美无缺。二是家常法国菜派系。它源自于法国平民的传统烹调方式，选料新鲜，做法简单。三是新派法国菜派系。它起源于 20 世纪 70 年代，是在传统古典烹饪的基础上发展起来的，更加讲究风味、个性、天然、技巧以及装饰和颜色的配合，讲究原汁原味、材料新鲜，口味清淡和健康的理念。总体来说，法国菜有以下几个特点。

❶ 原材料选择相对广泛，重视酒在饮食和烹调中的运用　与中餐相比，西餐在原材料的选择上范围较小，比如动物内脏等一般很少用于烹饪。但法国菜在原料的使用上比较开放和大胆。牛胃、鹅肝、鸡胃、鸡冠等都可以用于烹饪，并做出味道鲜美的法国菜。

法国菜在烹调中非常注重酒的使用，有人形容法国菜“用酒如同用水”。法国菜巧妙地将酒运用

在开胃菜、汤菜、主菜、甜品、少司等的制作中，为菜点增香。红酒蜗牛、普罗旺斯海鲜汤、红酒煨梨等著名法国菜的制作，都离不开优质的酒。

法国菜在食用时也非常注重与酒的搭配。法国人认为酒的风格与菜品的特色各异，如果要使菜品的风味更加完美和谐，就必须认真选择适合的酒。在酒与菜的搭配上，既有基本原则，也有对每一道菜单独配酒的建议。

❷ 调味技术先进，具有创新精神 调味技术是西餐工艺的灵魂。法国最先对西餐的调味技术进行了科学的总结。他们将众多调味汁（少司）的工艺进行归纳和梳理，分成基础少司和变化少司，并对每种少司的特点、制作方法进行总结，梳理出基础少司与变化少司的内在关系和变化规律。原本杂乱无章的少司被科学整理后，调味工艺的脉络更加清晰，相互之间的内在关联更加显像化，这为调味技术的发展和创新奠定了基础。法式薄饼见图 1-1-5。

图 1-1-5 法式薄饼

三、美国菜

在各国西餐流派的发展中，美国菜的历史并不长，其以多流派并存和融合为特征。

位于北美洲南部的美国，东临大西洋，西濒太平洋，北接加拿大，南靠墨西哥及墨西哥湾。辽阔的土地、充沛的雨量、肥沃的土壤和众多的河流湖泊是美国饮食形成与发展的物质基础。除此之外，美国菜的形成与发展还得益于美国是一个多民族的移民国家，其人口的构成，除了来自以英国为主的欧洲各国移民外，还有来自世界其他地区，如非洲、拉丁美洲、亚洲等地的移民，以及美国本土的印第安人。来自不同地区的人，带来了不同的文化和风俗。在这样独特的人文环境下，美国菜呈现出以英国菜为基础，又融合不同国家烹饪方式的特点。

❶ 美国菜制作工艺比较简单，口味注重自然、清淡 美国菜的基本特色是用料朴实、简单，口味清淡，突出自然，制作过程简单。如汉堡包、三明治等食品在美国深受欢迎。以蔬菜和水果等作原料制作的沙拉（图 1-1-6、图 1-1-7），在美国菜中也占有重要地位，可以作为开胃菜、主菜、副菜、甜菜等。美国有许多著名的沙拉菜肴，如由美国著名大饭店 Waldorf Astoria Hotel 创造的华尔道夫沙拉等。此外，在调味上，美国菜少司的种类要比法国菜少得多，在烹调方法上，美国菜偏重拌、烤、扒等简单迅速的制作方式。

图 1-1-6 蔬菜沙拉

图 1-1-7 虾仁什锦沙拉

❷ 风格多样，融会贯通 美国是一个多民族国家，不同国家、地区的移民带来了不同文化背景的饮食文化。不同流派的饮食在美国相互借鉴、融合，形成了新的特色。

普罗旺斯式鸡沙拉，吸收了法国普罗旺斯地区善于使用香料的特点，以美国人最喜爱的生拌形式（即沙拉）表现出来；奶酪通心粉的主要原料和做法来源于意大利，但奶酪却使用了产于美国的切德干酪；西班牙人最为拿手的米饭做法，也被美国吸收，制作出葡萄干米饭、蘑菇烩饭（图 1-1-8）、什锦炒

米饭等。除了直接借鉴其他国家的烹调技术和菜肴外，有些菜肴则是人们移民美国后再创造出来的。如秋葵浓汤，它是由移居于美国路易斯安那州的法国移民所创造，如今已经成为美国著名汤菜之一。还有些菜肴是借鉴其他国家的烹饪原料创造出来的，如使用南美辣椒创造出的各种美式辣味菜——辣味烤肉饼、辣椒牛肉酱、炖辣味蚕豆等。

四、俄罗斯菜

俄罗斯菜，主要指俄罗斯、乌克兰和高加索等地区烹饪的菜品，是西餐流派中独具特色的一类。

由于俄罗斯的地理位置和气候的原因，俄罗斯菜在总体上有油大、味浓、分量大的特点。俄罗斯菜大都具有多种口味，如酸、甜、咸和微辣等，烹饪中注重运用本土特色原料，菜肴常以酸奶油调味。俄罗斯菜以冷开胃菜最有名，其中黑鱼籽酱在世界上享有很高的声誉。鲟鱼配奶油香草少司见图1-1-9，酸奶油配烤填馅包子见图1-1-10。

图 1-1-8　蘑菇烩饭

图 1-1-9　鲟鱼配奶油香草少司

从历史的角度来看，在俄罗斯烹调技艺的发展中，不但吸取了其他欧洲国家，如法国、意大利、奥地利和匈牙利等国的饮食特色，同时也吸收了亚洲国家特别是中国的饮食特色。这些传入俄罗斯的外国菜肴与其本国菜肴融合后形成了独特的菜肴体系。据史料记载，意大利人16世纪将香肠、通心粉和各种面点带入俄罗斯；德国人17世纪将德式香肠和水果带入俄罗斯；法国人则在18世纪初期将少司、奶油汤和法国面点带入俄罗斯；而俄罗斯饺子（图1-1-11），则是最具中国特色的俄罗斯美食。

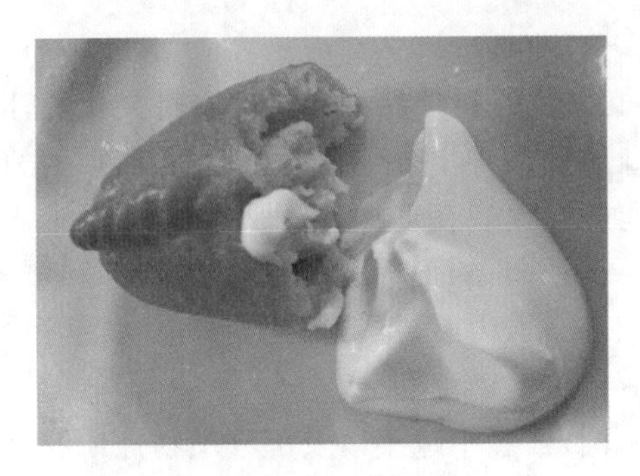

图 1-1-10　酸奶油配烤填馅包子

图 1-1-11　俄罗斯饺子

项目二

西餐烹调技术特点

项目导论

起源于畜牧文化背景的西餐，在原料选择、刀工处理、调味技术、加热工艺、装盘与装饰技巧等方面都呈现出独有的特征。熟悉和掌握这些特征，有利于对西餐菜肴制作技术的深入理解和掌握，并对西餐菜肴和点心的创新起到积极作用。

项目目标

1. 掌握西餐原料特点。
2. 掌握西餐刀工技术特点。
3. 掌握西餐调味技术特点。
4. 掌握西餐烹调特点。
5. 掌握西餐装盘与装饰特点。

任务一　西餐原料特点

一、食材选择范围较小，讲究质量和新鲜度

与中餐相比，西餐对原料的选择范围较小，尤其是植物性原料的品种。具有农耕文化和药食同源背景的中国饮食，一日三餐不仅有主副食之分，而且蔬菜的品种十分丰富。相比而言，以畜牧文化为背景的西餐，更注重动物性原料的选择和烹饪。即便如此，西餐在选择肉类原料时，为了追求原料品质和质地的最佳，通常只选择牛、羊、猪、鸡、鸭、鱼、虾等原料的净肉部分，如牛的背部和腰柳肉，鸡、鸭的胸脯和腿部，鱼身两侧的肉等，基本上不使用头、蹄、爪、内脏、尾等部位。只有法国等少数国家使用动物原料的其他部位，如鸡冠、鹅肝、牛肾、牛尾等。

西餐制作特别注重食品卫生和安全。与传统中餐不同，西餐中蔬菜以及部分动物性原料是偏重于生食的。如制作沙拉的各种蔬菜、制作沙拉酱的鸡蛋，以及牡蛎、牛肉、羊肉等(图 1-2-1)。因此，西餐的烹调对原料新鲜度的要求非常高。除了卫生等因素以外，新鲜的原料还可以保证菜点质地与口感的最佳。

二、原料的品种中，奶和奶制品占的比重比较大

作为畜牧文化背景的欧美国家，饮食中奶和奶制品的用量大而且种类繁多，如鲜奶、奶油、黄油、奶酪等。每一种奶制品又可以分成许多不同的品种，其中仅奶酪就有上百种之多。

奶制品在西餐中的应用非常广泛(图 1-2-2)，作用各不相同。鲜奶除可直接饮用外，还常用来制

作各种少司以及用于煮鱼、虾或谷物，或拌入肉馅、土豆泥中，以增加菜肴鲜美的滋味。淡奶油在西餐烹调中常用来增香、增色、增稠或搅打后用来装饰菜点。黄油不仅是西餐常用的油脂，还可以制作成各种少司，并常用于菜肴的增香、保持水分以及增加滑润口感。奶酪常常直接食用，或者作为开胃菜、沙拉的原料。在热菜的制作中，也常常加入奶酪，起到增香、增稠、上色的作用。

图 1-2-1　沙拉对原料新鲜度要求高

图 1-2-2　奶制品在西餐中的应用

任务二　西餐刀工技术特点

一、刀具类型多

原料特点和加工要求不同，使用的刀具种类也不同。西餐的刀具类型很多，分类很细，有切肉刀、去鱼骨刀、切蔬菜刀、切面包刀等。不同刀具特点不同，但都应便于操作者操作，使原料的成型过程更简单。

西餐刀具的使用，讲究根据原料的特点和性质选择刀具。如在切割韧性比较强的动物性原料时，一般选择比较厚重的刀，比如厨刀；而切质地细嫩的蔬菜和水果原料时，则选择规格小、轻巧灵便的刀，比如沙拉刀。

二、西餐刀工、刀法简洁，动物性原料成型规格通常比较大

西方人就餐，习惯使用刀、叉作为餐具。刀、叉便于对烹调成熟的大块原料进行第二次切割。因此西餐的刀工，尤其是切割动物性原料的时候，通常不会处理成刀、叉难于使用的细小的丝、丁、片、条等，而会切割成大块、大片等形状，如牛扒、菲力鱼、鸡腿、鸭胸等，每份肉的重量通常在 150～250 克，甚至 500 克以上，如战斧牛排。因此，与中餐细腻的刀工相比，西餐的刀工处理比较简单，刀法和原料成型的规格相对比较少（图 1-2-3）。

图 1-2-3　西餐刀法简洁

三、刀工技艺机械化、现代化程度高

在西餐厨房中，大量使用各种现代化的加工设备，完成原料的成型过程，是西餐刀工的另一个特点。大量使用切片机、切块机等设备，不仅降低了厨师的劳动强度，还可提高工作效率，使原料成型规格更容易统一，将厨师从简单机械的劳动中解脱出来，从事更多的创造性工作。

任务三 西餐调味技术特点

一、西餐烹调善于用酒

以动物性原料为主的西餐，为了去掉原料中的腥膻味道，常常在烹调中使用各种酒和香料，以达到除异味增香味的作用。西餐烹调时需根据不同的原料、菜式以及成品要求，选用不同的烹调用酒，以达到最佳的除异味增香味的作用。如制作鱼虾等浅色肉菜肴时，常使用浅色或无色的干白葡萄酒、白兰地酒；制作畜肉等深色肉类菜肴时，常使用香味浓郁的干红、雪莉酒等；制作野味菜肴时则使用波特酒除异味增香味；而制作餐后甜点时，常用甘甜、香醇的朗姆酒、利口酒等。

图 1-2-4　西餐菜肴成品之一

二、西餐善于单独调味汁（少司）

菜肴的调味，一般可以分主副调料混合调味和调味料单独烹调。中餐通常使用前者，许多著名炒菜如鱼香肉丝、小炒肉，就是边烹调边调味，一锅成菜的。但在西餐的制作中，常常采取主料、配料、调味料分别制作，在盘子中组合成菜的方式（图 1-2-4），所以调味汁往往是单独制作的。种类繁多的西餐少司（或称为调味汁、酱汁）的制作，是西餐烹调中的重要技术之一。

任务四 西餐加热技术特点

一、西餐烹调时大量使用各种工具设备

西餐烹调时使用的工具和设备，在数量、品种以及规格上都比较多。许多工具或者设备上有尺寸、刻度，或者有可以操纵温度和时间的旋钮，比较容易操作。

西餐厨房的工具有专门用于煎制原料的各种规格尺寸的煎盘，专门用于制作少司的各种规格尺寸的少司锅，专门用于制作基础汤的汤锅，以及搅板、汤勺、蛋抽、切片机、粉碎机、搅拌机等。西餐的加热设备也非常多，有用于扒制的平扒炉和铁扒炉，用于炸制的炸炉，以及烤箱、蒸箱等。

二、主料、配料、少司常分别制作

与中餐一锅成菜不同，在西餐的制作中，主料、配料（配菜）、少司（调味汁）常常会分开制作，这是西餐烹调技艺的重要特点。西餐的主料、配料、少司烹调成熟后，分别盛装在盘子中，组合成一道菜（图 1-2-5）。

图 1-2-5　西餐菜肴成品之二

任务五　西餐装盘特点

一、主次分明，和谐统一

西餐的装盘，强调菜肴中原料的主次关系，主料与配料层次分明，和谐统一（图 1-2-6）。

二、几何造型，简洁明快

几何造型是西餐最常用的装盘技法。它主要是利用点、线、面进行造型的方法。几何造型的目的是挖掘几何图形中的美，追求简洁明快的装盘效果（图 1-2-7）。

图 1-2-6　主次分明，和谐统一

图 1-2-7　几何造型，简洁明快

三、立体表现，空间发展

西餐的装盘，除了在平面上表现外，也在立体上进行造型。从平面到立体，展示菜肴之美的空间扩大了。这种立体造型的方法，也是西餐装盘常用的方法，是西餐装盘的一大特色（图 1-2-8）。

四、讲究破规

整齐划一，对称有序的装盘，会给人以秩序感，是创造美的一种手法。不过，这样的装盘也会缺乏动感。为了动中求静，西餐在装盘技术上常采取破规的表现方法。如在排列整齐的菜肴上，突然斜放两、三根长长的细葱。这种长线形的出现，将破坏盘中已有的平衡，使盘面活跃起来（图 1-2-9）。

图 1-2-8　立体表现，空间发展

图 1-2-9　讲究破规

五、崇尚造型的变异

变异，从美学角度来说，是指具象的变形，与写实手法相反。常用的手法是对具体事物进行抽象的

概括。即通过高度的整理和概括，以神似而并非形似来表现。变异的手法，也是西餐中装盘的技法之一。通过对菜肴原料的组合，形成一种像又不像的造型，从而进一步引起食客的遐想(图 1-2-10)。

六、盘饰点缀，回归自然

西餐菜肴的盘饰，喜欢使用天然的花草树木，主要体现自然之美。在装盘的点缀上，西餐遵从点到为止的装饰理念。装饰料在盘中仅仅是点缀而已，在使用上少而精。现代西餐一般不主张太过缤纷复杂的点缀，这样会掩盖菜肴的实质，给人一种华而不实的感觉(图 1-2-11)。

图 1-2-10　崇尚造型的变异

图 1-2-11　盘饰点缀，回归自然

模块二

西餐工艺基础

项目一

西餐厨房工具与设备

本模块课件

项目导论

西餐厨房的工作中需要大量的工具、设备来支撑。西餐烹调受厨房工具、烹调设备、加工设备以及保存与储藏设备等方面的因素制约，厨房工具和设备越齐全越完整，加工和烹调菜肴就会越顺利。专业化和标准化的厨房，减少了厨师操作的失误和工作量。

项目目标

1. 会使用西餐厨房工具和设备。
2. 掌握西餐厨房工具和设备的特点。

任务一 厨房工具与用具

一、厨房常用工具

❶ **厨刀** 厨刀刀锋锐利平直，刀头尖或圆，主要用于切割各种肉类(图 2-1-1)。

❷ **剁肉(骨)刀** 剁肉(骨)刀一般呈长方形，形似中餐刀，刀身宽，刀背厚，用于带骨肉类原料的分割(图 2-1-2)。

图 2-1-1 厨刀

图 2-1-2 剁肉(骨)刀

❸ **剔骨刀** 剔骨刀刀身较短，又薄又尖，用于肉类原料的出骨(图 2-1-3)。

❹ **肉叉** 肉叉形状多样，用于辅助刀片、翻动原料等(图 2-1-4)。

❺ **肉拍** 肉拍又称为拍铁，带柄，无刃，下面平滑，主要用于拍砸各种肉类(图 2-1-5)。

❻ **牡蛎刀** 牡蛎刀刀身短而厚，刀头尖而薄，用以挑开牡蛎外壳(图 2-1-6)。

❼ **蛤蜊刀** 蛤蜊刀刀身扁平、尖细，刀口锋利，用于剖开蛤蜊外壳(图 2-1-7)。

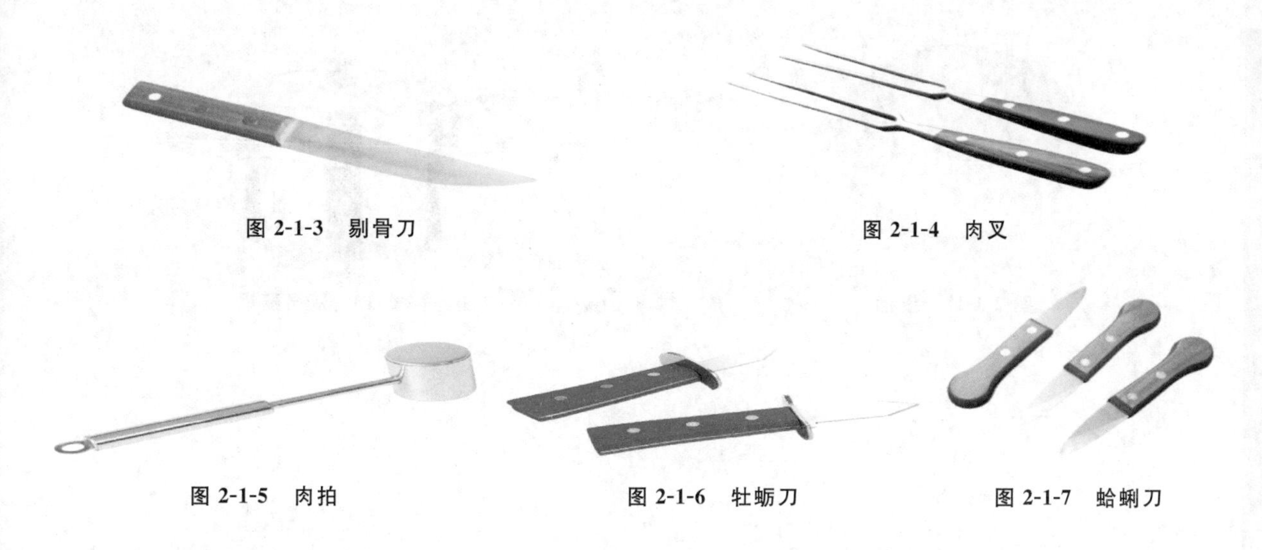

图 2-1-3　剔骨刀　　图 2-1-4　肉叉

图 2-1-5　肉拍　　图 2-1-6　牡蛎刀　　图 2-1-7　蛤蜊刀

二、厨房常用炊具

❶ **煎盘**　煎盘又称法兰盘，圆形、平底，直径有 20 cm、30 cm、40 cm 等规格，用途广泛（图 2-1-8）。

❷ **炒盘**　炒盘又称炒锅，圆形、平底，形较小，较深，锅底中央略隆起，一般用于少量油脂快炒（图2-1-9）。

图 2-1-8　煎盘　　图 2-1-9　炒盘

❸ **奄列盘**　奄列盘呈圆形、平底，形较小，较浅，四周立边呈弧形，用于制作奄列蛋（图 2-1-10）。

❹ **少司锅**　少司锅呈圆形、平底，有长柄和盖，深度一般为 15 cm，容量不等，锅底较厚，一般用于少司的制作（图 2-1-11）。

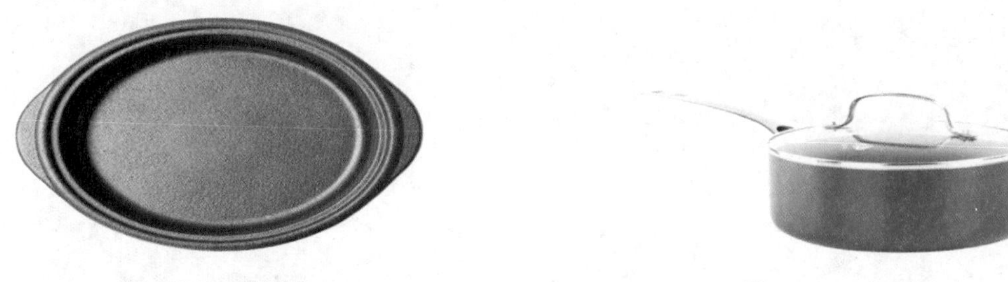

图 2-1-10　奄列盘　　图 2-1-11　少司锅

❺ **汤桶**　汤桶桶身较大、较深，有盖，两侧有耳环，容积从 10 L 到 180 L 不等，一般用于制汤或烩煮肉类（图 2-1-12）。

❻ **双层蒸锅**　双层蒸锅底层盛水，上层放食品，容积不等，有盖，一般用于蒸制食品（图 2-1-13）。

❼ **帽形滤器**　帽形滤器有一长柄，圆形，形似帽子，用较细的铁纱网制成，一般用于过滤少司（图 2-1-14）。

❽ **锥形滤器**　锥形滤器由不锈钢制成，锥形，有长柄，锥形体上有许多小孔眼，一般用于过滤汤汁（图2-1-15）。

❾ **蔬菜滤器**　蔬菜滤器一般用不锈钢制成，用于沥干洗净后的水果和蔬菜等（图 2-1-16）。

图 2-1-12　汤桶

图 2-1-13　双层蒸锅

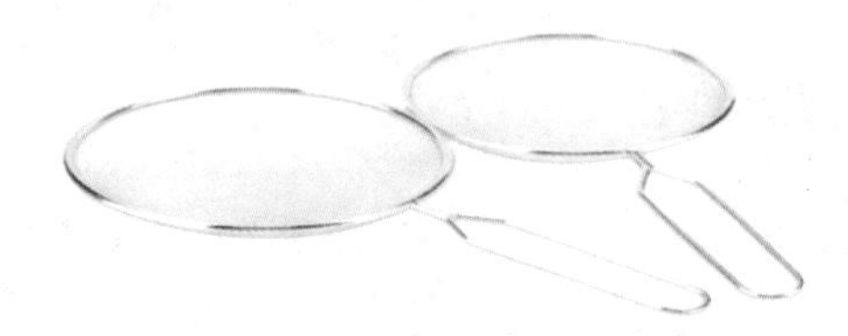

图 2-1-14　帽形滤器

图 2-1-15　锥形滤器

⑩ **漏勺**　漏勺用不锈钢制成，浅底连柄、圆形、广口，中间有许多小孔，用于食品油炸后沥去余油(图 2-1-17)。

图 2-1-16　蔬菜滤器

图 2-1-17　漏勺

⑪ **蛋铲**　蛋铲一般用不锈钢制成，长方形，有的铲面上有孔，以沥掉油或水分，主要用于煎蛋等(图 2-1-18)。

⑫ **盅**　盅又称罐，多以耐火的陶瓷或搪瓷材料制作，深底、椭圆形，用于制作罐焖菜、烩菜等菜肴，一般可连罐上桌(图 2-1-19)。

图 2-1-18　蛋铲

图 2-1-19　盅

⑬ **汤勺**　汤勺一般用不锈钢制成，有长柄，供舀汤汁、少司等(图 2-1-20)。

⑭ **擦床**　擦床一般呈梯形，四周铁片上有同孔径的密集小孔，主要用于擦碎奶酪、水果、蔬菜(图 2-1-21)。

⑮ **蛋抽**　蛋抽是由钢丝捆扎而成，头部由多根钢丝交织编在一起，呈半圆形，后部用钢丝捆扎成柄，主要用于打蛋液等(图 2-1-22)。

⑯ **食品夹**　食品夹一般是用金属制成的有弹性的“V”形夹子，形式多样，用于夹食品(图 2-1-23)。

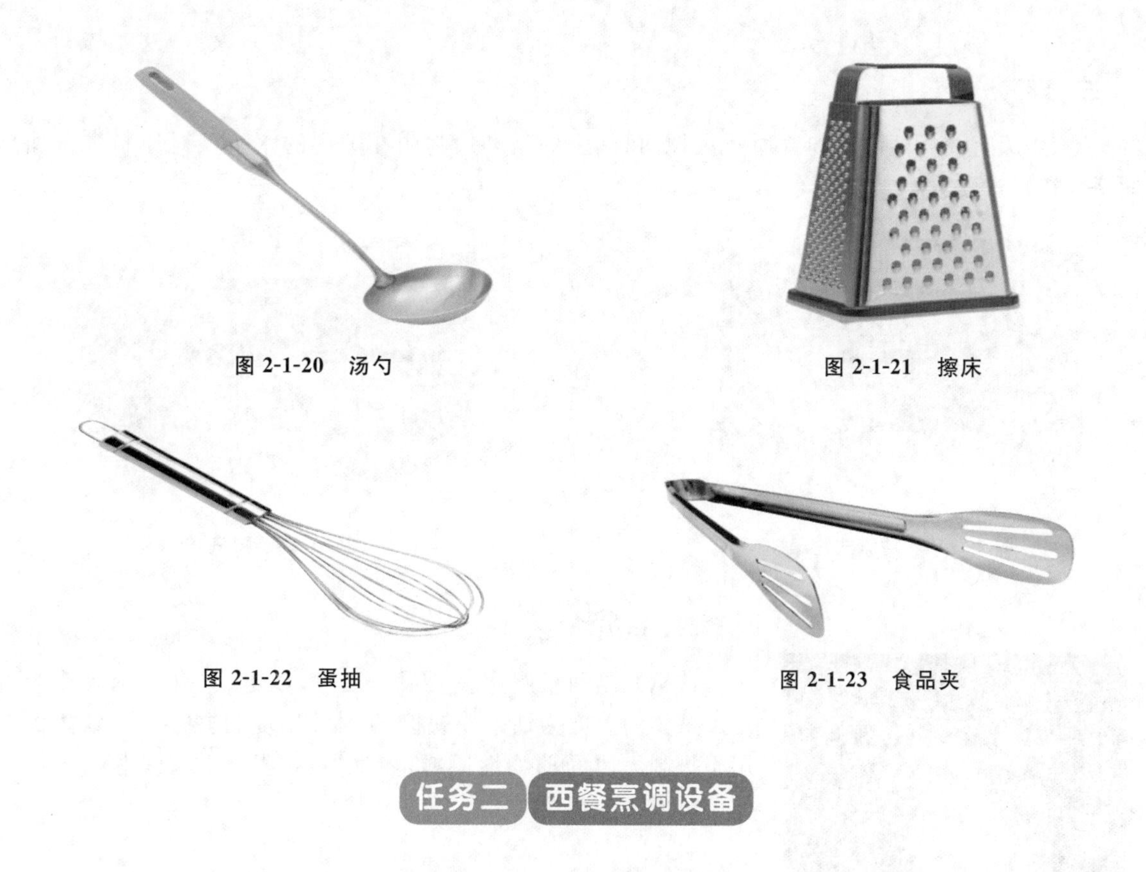
图 2-1-20　汤勺

图 2-1-21　擦床

图 2-1-22　蛋抽

图 2-1-23　食品夹

任务二　西餐烹调设备

一、西式炉灶

西式炉灶(图 2-1-24)是西餐厨房最基本的烹调设备。目前常用的西式炉灶大多是组合型烹调设备,由灶眼、扒炉、平板炉、炸炉、烤炉、多士炉、烤箱等组合而成,其结构一般用钢或不锈钢制成,有电灶和燃气灶两种,有 4～6 个灶眼,下部一般还附有烤箱,上部附有焗炉。用途广泛,适用于煎、焗、煮、炸、扒、烤等多种烹调方法。根据用户的需求或厂方的设计,它的组合方式多种多样。特点是操作简便、火焰稳定、噪声小、便于调节火力的大小。

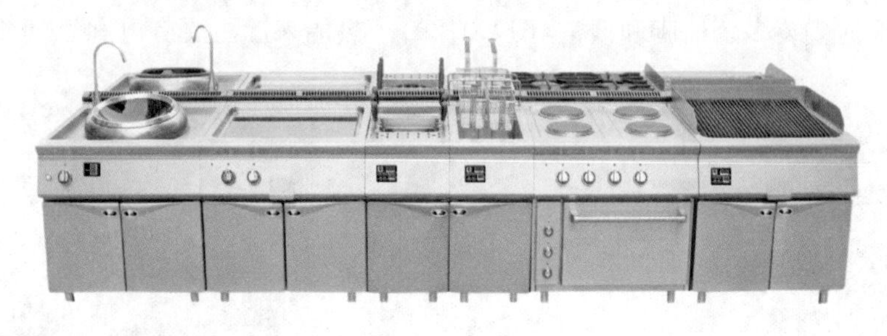
图 2-1-24　西式炉灶

二、烤炉

烤炉又称烤箱,从其热能来源上可分为燃气烤箱和远红外电烤箱;从其烘烤原理上可分为对流式烤箱和辐射式烤箱。

❶ **对流式烤箱**　对流式烤箱工作原理是利用鼓风机,使热空气不断地在整个烤箱内循环,使热空气均匀地传递给食品。一般是由烤箱外壳、风机、燃烧器、控制开关等组成(图 2-1-25)。

❷ **辐射式烤箱**　辐射式烤箱工作原理主要是通过电能的红外线辐射产生热能,同时还有烤箱内热空气的对流等供热。主要由烤箱外壳、电热元件、控制开关、温度仪、定时器等组成。

三、蒸汽炉

蒸汽炉又有高压蒸汽炉和普通蒸汽炉两种，主要是利用封闭在炉内的水蒸气对原料进行加热（图 2-1-26）。

图 2-1-25　对流式烤箱

图 2-1-26　蒸汽炉

四、铁扒炉

铁扒炉是西餐厨房重要设备之一，以电、煤气或木炭作为能源。炉体的上方为铁条或铁板，炉体下方是供热装置。铁扒炉多用于扒制大块的动物性原料，如牛扒、羊扒、猪扒等（图 2-1-27）。使用前应提前预热。

图 2-1-27　铁扒炉

五、微波炉

微波炉的工作原理是将电能转换成微波，通过高频电磁场对介质加热，使原料分子剧烈振动，而产生高热。微波电磁场由磁控管产生微波穿透原料，使原料内外同时受热（图 2-1-28）。

六、平面扒炉

平面扒炉又称为平面煎板。其表面有一块 1.5～2 cm 厚的平整铁板，四周是滤油槽，铁板下面有一个能抽拉的铁盒盛装多余油脂和残渣（图 2-1-29）。热能来源主要有电和燃气两种。

图 2-1-28　微波炉

图 2-1-29　平面扒炉

七、明火焗炉

明火焗炉也称为面火炉，是热源在顶端、开放式烤制的炉具，一般可升降，可用于原料的上色和加热（图 2-1-30）。明火焗炉有燃气焗炉和电焗炉两种。炉具自动化控制程度较高，操作简便。烤制时食品表面易于上色，可用于焗烤多种菜肴和点心。

八、蒸汽夹层汤锅

蒸汽夹层汤锅主要由机架、蒸汽管路、锅体、倾锅装置组成(图 2-1-31)。主要材料为优质不锈钢,外观造型美观大方,使用方便省力。倾锅装置通过手轮带动蜗轮蜗杆及齿轮传动,使锅体倾斜出料。翻转动作也有电动控制的,使整个操作过程安全且省力。

图 2-1-30　明火焗炉

图 2-1-31　蒸汽夹层汤锅

九、多功能蒸箱

多功能蒸箱外观跟中餐的蒸柜类似。不过西餐的蒸箱主要用于面食的制作,而中餐的蒸柜多用于蒸菜等食物(图 2-1-32)。

十、炸炉

炸炉是西餐厨房中制作油炸食品的设备,又称电炸锅、油炸锅,用钢材制作。根据性能可分为电炸炉和燃气炸炉两种;根据形状可分为立式电炸炉和台式电炸炉;根据功能可分为单缸电炸炉、双缸电炸炉、三缸电炸炉、多功能电炸炉。这种设备可以油炸鸡腿、鸡翅、鸡柳、香肠、薯条、鱼类、肉串等(图 2-1-33)。

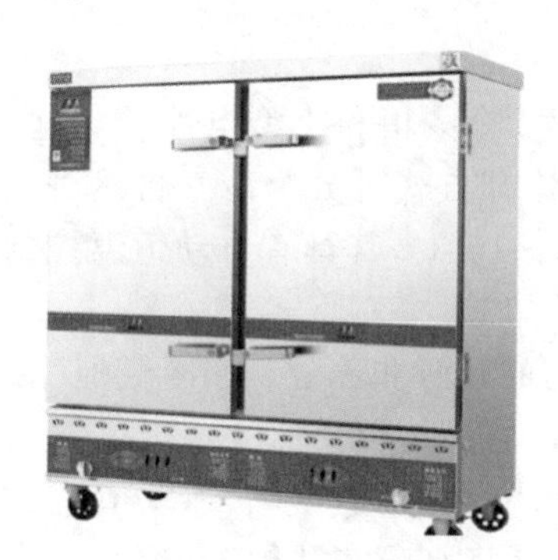

图 2-1-32　蒸箱

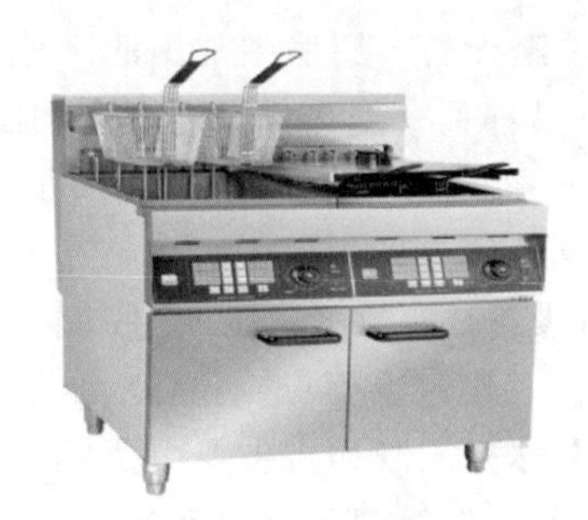

图 2-1-33　炸炉

任务三　西餐厨房加工设备

一、厨房机械设备

❶ 立式万能机　立式万能机又称多功能搅拌机,由电机、升降装置、控制开关、速度选择手柄、容器和各种搅拌头组成(图 2-1-34),适用于搅打蛋液、黄油、奶油及揉制、搅打各种面团等。

❷ **打蛋机** 打蛋机由电机、钢制容器和搅拌头组成，主要用于打蛋液、奶油等(图 2-1-35)。

❸ **压面机** 压面机又称滚压机，由电机、传送带、滚轮等主要构件组成，主要用于制作各种面团卷、面皮等(图 2-1-36)。

图 2-1-34 立式万能机

图 2-1-35 打蛋机

图 2-1-36 压面机

❹ **多功能粉碎机** 多功能粉碎机由电机、原料容器和不锈钢叶片刀组成，适用于打碎水果、蔬菜、肉馅、鱼泥等，也可以用于混合搅打浓汤、鸡尾酒、调味汁、乳化状的少司等(图 2-1-37)。

❺ **切片机** 切片机可根据要求切出规格不同的片(图 2-1-38)。

图 2-1-37 多功能粉碎机

图 2-1-38 切片机

二、厨房制冷/制冰设备

❶ **冷藏设备** 厨房中常用的冷藏设备主要有小型冷藏库、冷藏箱和小型电冰箱。这些设备的共同特点是都具有隔热保温的外壳和制冷系统。冷藏设备按冷却方式可分为冷气自然对流式(直冷式)和冷气强制循环式(风扇式)两种，冷藏的温度范围在−40～10 ℃，其具有自动恒温控制、自动除霜等功能，使用方便。

冷藏设备具有保鲜功能，可保持恒定的低温环境，保持食物的新鲜和养分。如冷藏柜(图 2-1-39)、立式冷柜、工作台冷柜、透明立式冷柜、横式冰柜等。

❷ **制冰机** 制冰机主要由蒸发器的冰模、喷水头、循环水泵、脱模电热丝、冰块滑道、储水冰槽等组成。整个制冰过程是自动进行的，先由制冷系统制冷，水泵将水喷在冰模上，逐渐冻成冰块，然后停止制冷，用电热丝加热使冰块脱模，沿滑道进入冰槽，再由人工取出冷藏。制冰机主要用于制备冰块、碎冰和冰花(图 2-1-40)。

❸ **冰激凌机** 冰激凌机由制冷系统和搅拌系统组成，制作时把配好的液体原料装入搅拌系统的容器内，一边冷冻一边搅拌使其成糊状。由于冰激凌的卫生要求很高，因此，冰激凌机一般用不锈钢制造，不易沾污物，且易消毒(图 2-1-41)。

三、厨房小型加工设备

❶ **饮料机** 饮料机能制作冷、热饮，有的饮料机有多个出缸口，可以生产多种饮料(图 2-1-42)。饮料机有以下特性：一是操作方便简单，饮料机只需要设定每种饮料的单价、出粉量和每次出水量等功

图 2-1-39 冷藏柜

图 2-1-40 制冰机

图 2-1-41 冰激凌机

能，插上电即可自动进行生产；二是效率高，能快速制冷，省时省力；三是饮料新鲜美味，有多种选择；四是很多饮料机安装了高科技的高速旋转搅拌器，解决了以往搅拌不均、堵塞等问题，并增加了饮料泡沫，让饮料的口感更纯正；五是卫生节能，饮料机只需要家用电压 220 V 就可以运转，普通的饮料机耗电量只有 1.5 kW·h；六是饮料机使用先进的电脑控温技术，可连续不断供应冷、热饮。

多功能饮料机还能制作摩卡咖啡、黑咖啡、牛奶、奶茶、果汁等。

❷ **榨汁机** 榨汁机是一种可以将果蔬快速榨成果蔬汁的机器。其工作原理是把水果、蔬菜从加料口推向刀网，在刀网高速运转、离心力的作用下，榨出果蔬汁。榨汁机是西餐厨房不可缺少的设备之一（图 2-1-43）。

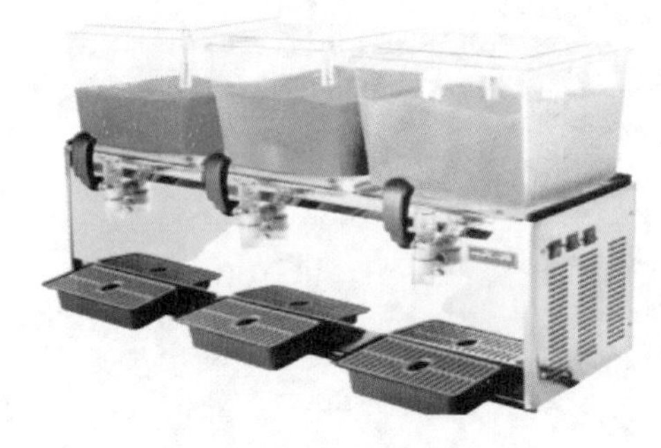

图 2-1-42 多功能饮料机

图 2-1-43 榨汁机

手工工具安全

电力切配设备安全

防止烧伤

工具与设备卫生

❸ **咖啡机** 咖啡机是利用水沸腾时所产生的蒸汽在密闭的锅炉内形成压力，将热水推至莲蓬头里的咖啡粉末。咖啡机是西餐厨房必备设备之一（图 2-1-44）。

❹ **饮水机** 饮水机是将桶装纯净水（或矿泉水）升温或降温并方便人们饮用的装置，分为温热、冰热、冰温热三种类型（图 2-1-45）。

图 2-1-44 咖啡机

图 2-1-45 饮水机

项目二

西餐原料

项目导论

西餐受地理位置、饮食习惯以及宗教信仰等的影响，形成了有别于中餐而具有自身特色的原料体系。西餐在选择烹调原料上，除法国菜比较广泛外，一般没有中餐选料范围广，但用料讲究。西餐中动物性原料的使用比例要大于植物性原料，因此西餐菜肴对于动物性原料的品质与规格的把控更加严格。另外，在西餐中不论是菜肴还是面点，都会大量使用乳制品、香料以及酒来进行调味，并且会针对不同的菜点选择不同的乳制品、香料、酒来进行烹调。

西餐原料根据原料性质大体可分为植物性原料、动物性原料以及调辅原料三大类。植物性原料包括蔬菜类、水果类、粮食类等；动物性原料包括家畜类、家禽类、水产类、奶制品类、肉制品类等；调辅原料包括香料、烹调用酒等。本项目将选择西餐中常见的特色原料作简要介绍。

项目目标

1. 了解西餐植物性原料的特点与运用。
2. 了解西餐动物性原料的特点与运用。
3. 了解西餐调辅原料的特点与运用。

任务一　西餐常见植物性原料

西餐常见植物性原料见表 2-2-1。

表 2-2-1　西餐常见植物性原料

序号	中文名称	英文名称	特　　点	图　　片
1	生菜	lettuce	生菜也称为叶用莴苣、千金菜等，属菊科莴苣属。原产于欧洲地中海沿岸，古希腊人、古罗马人最早食用。大约公元 5 世纪传入我国，历史悠久。质地脆嫩，清香，有的略带苦味。生菜中含有大量的水分，还含有丰富的维生素及矿物质。	

续表

序号	中文名称	英文名称	特　　点	图　　片
1	生菜	Lettuce	常见的生菜有结球生菜、皱叶生菜和长叶生菜三种。按其颜色分为青叶生菜、紫叶生菜和红叶生菜等。此外，还有罗马生菜、波士顿生菜（奶油生菜）。 生菜在西餐中主要用于冷菜制作或作装饰物，一般都为生食。一般常温下只能保存1～2天	 结球生菜  青叶生菜  紫叶生菜 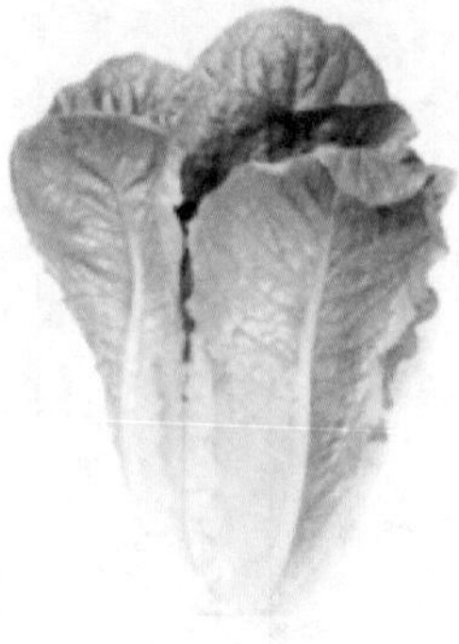 罗马生菜  波士顿生菜（奶油生菜）

续表

序号	中文名称	英文名称	特　　点	图　　片
2	芝麻菜	rocket	芝麻菜又称黄花南芥菜、臭菜、德国芥菜，形状像菠菜，属十字花科。原产于地中海沿岸。具有很浓的芝麻香味和刺激辣味，故名芝麻菜。其种子可制成味道浓郁的芥末。 芝麻菜在西餐中常用于肉类配菜、沙拉等。一般不加热食用	芝麻菜
3	苦菊	radicchio	苦菊又称苦苣、欧洲菊苣、苦白菜等，为一年生或二年生菊科草本植物。原产于印度和欧洲南部。 苦菊略带苦味，口感脆嫩。在西餐中多用于开胃菜及沙拉	苦菊
4	茴香	fennel	茴香有两种，西餐中常见的是球茎茴香，又称佛罗伦萨茴香、意大利茴香、甜茴香等，原产于意大利南部佛罗伦萨地区。我国常见的是菜茴香，又称茴香菜、山茴香，原产于地中海沿岸，北方地区常用于菜肴及馅料。 球茎茴香在西餐中常用于榨汁、调味蔬菜以及热菜配菜等	球茎茴香 菜茴香

续表

序号	中文名称	英文名称	特　　点	图　　片
5	西洋菜	watercress	西洋菜也叫水田芥、水芥菜、豆瓣菜，属十字花科水生草本植物。原产于欧洲和亚洲，冬春季收获，生长于溪流中，沉水、浮水或平铺在泥地表面。叶纤细，深绿色，具一定香辛气味，口感脆嫩。 在西餐中一般采其嫩梢做沙拉或制成清凉饮料	西洋菜
6	莙荙菜	swiss chard	莙荙菜又称瑞士甜菜。叶茎有红色、黄色等，色彩鲜艳。 莙荙菜在西餐中常作为红肉或家禽的配菜	莙荙菜
7	芦笋	asparagus	芦笋又称石刁柏、龙须菜，百合科，多年生草本植物。原产于欧洲，清代时引入我国。 芦笋味道鲜美，清爽可口。有绿、白、紫三色之分，以紫芦笋质量最佳，以绿芦笋最为常见。 芦笋在西餐中常用于制作冷菜、汤菜或热菜配菜，是一种高档且名贵的绿色食品	芦笋 白芦笋
8	红菜头	beetroot	红菜头又称紫菜头、甜菜等，属藜科二年生草本植物。原产于古希腊，后传入东欧，是欧美各国主要蔬菜之一。可食用部位是其变态根茎，形状呈扁圆形，外皮黑红，肉质，含有较多的甜菜红素，呈紫红色、鲜红色或红白相间的花色。 红菜头是红菜汤的主要原料，可直接榨汁饮用，也可作冷菜和配菜	红菜头

续表

序号	中文名称	英文名称	特　点	图　片
9	洋葱、西芹、胡萝卜	onion、celery、carrot	洋葱、西芹、胡萝卜在西餐中除用于制作各种菜肴外，还普遍作为香料使用。因为这三种蔬菜都含有挥发性物质，具有独特的香味，可以刺激食欲，所以西餐在制作各种烤、焖菜和清汤时，都可用它们来提味	 洋葱  西芹  胡萝卜
10	欧防风	parsnip	欧防风又名美洲防风、欧洲萝卜、蒲芹萝卜等，原产于欧洲和亚洲温带地区。形似胡萝卜，根的主要成分是淀粉，与胡萝卜不同，有着浓烈的坚果香味，也比胡萝卜更甜。 欧防风常用于西餐凉菜、热菜配菜，爱尔兰炖菜	 欧防风
11	朝鲜蓟	artichoke	朝鲜蓟别名亚枝竹、菜蓟、法国百合、荷花百合，为多年生草本植物。原产于地中海沿岸，以法国栽培最多。19世纪由法国传入我国上海。可食部位是其花蕊和花萼的根部，味道清淡，生脆，以花蕾紧密、较重、花萼新鲜者为佳。 朝鲜蓟在食用时口感介于鲜笋和蘑菇之间，在西餐中常用于制作汤菜、热菜配菜	 朝鲜蓟

续表

序号	中文名称	英文名称	特　点	图　片
12	意大利面	pasta	意大利面早在17世纪初就有记载，一般是用优质的专用硬粒小麦面粉和鸡蛋等为原料加工制成。其形状各异，色彩丰富，品种繁多。从质感上可以分为干制意大利面、新鲜意大利面两类；从颜色和添加的材料上可以分为红色或粉红色（番茄汁、甜菜汁、胡萝卜汁、红甜椒汁）、黄色或淡黄色（番红花汁、胡萝卜汁）、绿色或浅绿色（菠菜汁、西兰花汁）、灰色或黑色（鱿鱼或墨鱼汁）以及咖喱色、巧克力色等；从外观和形状上可分为棍状、片状、管状、花饰、填馅等。常见的意大利面品种主要有意式实心粉、细意式实心粉、贝壳面、弯型空心粉、葱管面、大管面、宽面条、猫耳面、米粒面等	意大利面
13	松露	truffle	松露是和青冈栎、栗树、榛树等树根共生的一类食用菌，其气味独特，产量稀少，与鹅肝、鱼籽酱并称为世界三大美食。 松露有黑、白两种，黑松露是西欧特有的一种野生菌蘑菇，又名块菰、黑菌，产自法国和意大利的野生森林，刀切有霜状花，常熟食。白松露有浓烈香味，口味浓郁，一般只在冬季有少量鲜货供应，常生食，只能在意大利北部采到。 松露是西餐中的高档原料，一般用作酱汁，也可制作成装饰菜肴。不耐储藏，采摘后应尽快食用，也可将其制作成松露油或松露罐头以延长其保存时间	黑松露 白松露

任务二　西餐常见动物性原料

一、牛肉(beef)

牛肉含有丰富的蛋白质，脂肪含量低，味道鲜美，是西餐烹调中最常用的原料。根据饲养方式的不同，可以将牛肉分为草饲牛肉和谷饲牛肉。草饲牛主要在牧区生长，食用新鲜的牧草，其肉质精瘦，脂肪含量低，味道浓郁。谷饲牛主要在农区饲养，一般用人工配合饲料和草料集约化饲养，饲养时间相对较短，其肉质更加嫩滑，脂肪含量较高。牛肉按照其品质被分为不同的等级，不同国家牛肉的分级也不尽相同。西餐在牛肉的使用上很讲究，一般把牛肉分为5级，根据不同的肉质恰当选用(图2-2-1)。

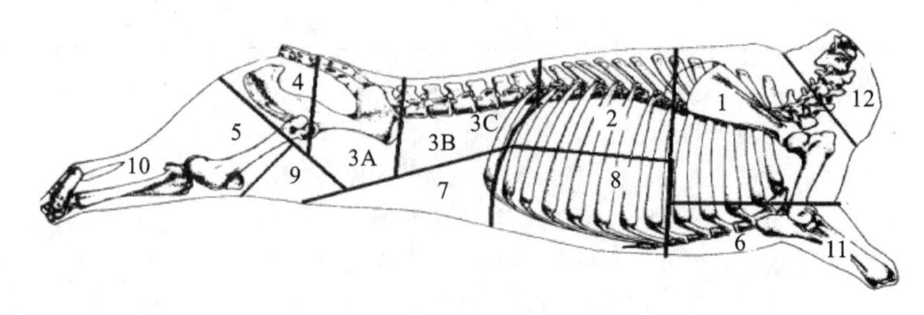

图 2-2-1　牛肉各部位名称

1. 上脑(chuck);2. 肋骨(rib);3A. 腰脊部(sirloin);3B. 短脊部(short loin);3C. 里脊(beef fillet/tenderloin);4. 米龙(rump);5. 后臀(round);6. 胸脯肉(brisket);7. 牛腩(flank);8. 硬肋(plate);9. 腰窝(thick flank);10、11. 牛腱子(shank);12. 牛颈肉(neck)

特级肉是牛的里脊。这个部位很少活动,肉纤维细软,是牛肉中最嫩的部分。里脊在西餐中常用来制作高档菜肴,如奶油里脊丝、铁扒里脊等。

一级肉是牛的脊背部分,包括外脊和上脑两个部位。肉肥瘦相间,肉质软嫩,仅次于里脊,也是优质原料。用来制作上脑肉扒、带骨肉扒、烤外脊等菜肴最为适宜。

二级肉是牛后腿的上半部分肉,包括米龙盖、米龙心、黄瓜肉、和尚头等部位。米龙盖肉质较硬,适宜焖烩;米龙心肉质较嫩,可代替外脊使用;和尚头肉质稍硬,但纤维细小,肉质也嫩,可制作焖牛肉卷、烩牛肉丝等菜肴。

三级肉包括前腿、胸口和肋条。前腿肉纤维粗糙,肉质老硬,一般用于绞馅,制作各种肉饼。胸口和肋条肉质虽老,但肥瘦相间,用来制作焖牛肉、煮牛肉最为合适。

四级肉包括脖颈、肚脯和腱子。这部分肉筋皮较多,肉质粗老,适宜煮汤。

牛尾筋皮多,有肥有瘦,可以用来做汤或制作烩牛尾、咖喱牛尾等菜肴。

餐厅常见的牛排种类依部位区分有菲力牛排(fillet)、西冷牛排(sirloin)、丁骨牛排(t-bone)、肋眼牛排(ribeye)、牛小排(short rib)。牛排的熟度可分为以下几种。

(1) 全生(uncooked):几乎全红肉,只在牛排外层略烤;

(2) 一分熟(rare):75%红肉,内部呈血红色,保持一定温度;

(3) 三分熟(medium rare):50%红肉,内部呈桃红色,带有相当热度;

(4) 五分熟(medium):只有 25%红肉;

(5) 七分熟(medium well):几乎全熟,略呈粉红色;

(6) 全熟(well done):肉全熟,内部呈褐色。

小牛肉(veal):小牛是指出生半年左右的牛。小牛肉肉质细嫩,汁液充足,脂肪少。里脊除适宜煎炒外,更适合做炭烤里脊串。后腿除用于煎、炒、焖、烩外,还可以做烤小牛腿。小牛的脖颈和腱子可以煮着吃,清爽不腻,味道十分鲜美。

二、羊肉(mutton)

羊在西餐烹调上有羔羊(lamb)和成羊(ewe)之分。西餐烹调中主要以羔羊肉为主,其中肉用羊的肉品质最佳。澳大利亚、新西兰等是世界主要的肉用羊生产国。羊肉各部位名称见图 2-2-2。

羊肉一般可分为三个等级。

一级肉包括里脊、外脊和后腿,是羊肉中用途最广的三个部位,可用于煎、炸、烤、焖等多种烹调方法。常见的菜肴有扒羊排、煎羊排、烤羊腿等。

二级肉包括前腿、胸口和肋骨。这部分肉较老,可用于焖肉或煮汤。

三级肉包括脖颈、肚脯和腱子。这部分肉筋皮较多,可用于绞馅。

小羊(lamb)又称羔羊,是指出生四五个月的绵羊。肉质鲜嫩,是西餐中的名贵原料。在西餐宴会中,常常烤整只小羊,以增添宴会的隆重气氛。

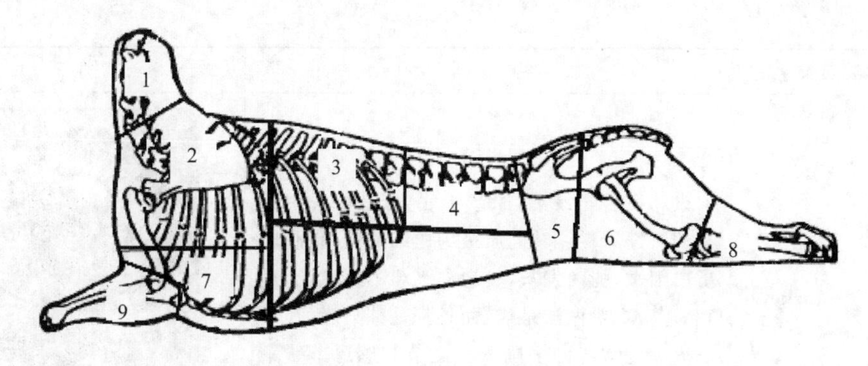

图 2-2-2　羊肉各部位名称

1.羊颈肉(neck);2.前肩(shoulder);3.肋背部(rib/best end);4.腰脊肉(loin/saddle);5.上腰肉(sirloin/chump);6.后腿(leg);7.胸脯肉(brisket);8、9.羊腱子(shank)

三、其他动物性原料

西餐其他常见动物性原料见表 2-2-2。

表 2-2-2　西餐其他常见动物性原料

序号	中文名称	英文名称	特　　点	图　　片
1	猪肉	pork	猪肉相比牛、羊肉而言,肌肉纤维细且柔软,肉质细嫩,肉色较淡。猪肉本身腥膻味弱,在西餐中常用于煎、炸、烤等烹调方法。常见的猪肉菜肴有炸猪排、烤猪肉等。 猪肉在西餐中用量较小,但乳猪在西餐中却是作为上等原料使用的。乳猪肉质鲜嫩,脂肪很少,可用于煮、烤等。尤其是整只的烤乳猪,可作为高级宴会的主菜	**猪肉**
2	鸡肉	chicken	鸡肉在西餐中较常用。家鸡是由原鸡长期饲养驯化而来,是烹饪的重要原料。根据不同生长期,鸡可分为以下几种。 (1) 隔年鸡:年龄在 1 年以上,体重约 1.25 千克的隔年鸡最为适用,鸡肉中含有较多的可溶性蛋白,用来煮汤最为适宜,也可带骨或去骨来烹制各种菜肴。一般要按照鸡的不同部位分别选用。鸡脯肉筋很少,肉质白细,是鸡身的最好部位,适于煎、炸、炒等多种烹调方法,可制成各种菜肴,如黄油鸡卷、炸鸡排、奶油鸡肉丝等。鸡腿筋较多,肉质较老,可用于焖、烩或煮汤。煮过的鸡腿还可制作煎鸡腿、炸鸡腿等。 (2) 当年鸡:以当年母鸡最为理想,其肉质肥嫩,煎、炸、烤、焖均可。 (3) 笋鸡:也称童子鸡或仔鸡,是指当年刚孵化不久的小鸡,以 250～300 克重的最为适用。其肉质极嫩,可用于炸、煎、扒等。在西餐中常常整用,如黄油焖笋鸡、铁扒笋鸡等	**鸡肉**

续表

序号	中文名称	英文名称	特　点	图　片
3	火鸡	turkey	火鸡又名吐绶鸡，原产于北美，是西餐中特有的烹饪原料。其肉质极为白细鲜美，胸脯肉雪白细嫩，腿肉发灰，较老。火鸡不宜煮汤，适宜做菜，主要做法是烤，而且都是整只烤。 火鸡是欧美许多国家圣诞节和感恩节餐桌上不可缺少的食品	火鸡
4	鸭肉	duck	鸭的消费量比鸡少，位于禽类消费量的第二位。鸭肉颜色呈深红色，表皮呈淡黄色或淡白色。 在西餐中应用较多的主要是鸭胸，常用鸭胸制作各类菜肴，如香橙鸭胸、油浸鸭胸等。 鸭肝可以制作各种“肝批”	鸭肉
5	鹅	goose	鹅在世界范围内饲养很普遍，与西餐烹调有关的鹅主要是肉用型和肥肝专用型。鹅分为幼年鹅(6个月以内)和成年鹅(6个月以上)。一般适合烤、焖、烩等烹调方法。鹅在西餐中应用不如鸡广，但肥鹅肝却是西餐烹饪中的上等原料。 鹅肝经“填饲”后重达600克以上，优质的则可达1000克左右。其中著名的品种主要有法国的朗德鹅、图卢兹鹅等，也可用作产肉，但习惯上把它们作为肥肝专用型品种。肥鹅肝是西餐烹调中的上等原料，鹅肝酱、鹅肝冻等都是法式菜中的名菜。鹅肝气味芬芳，质地软糯。优质鹅肝呈乳白色或白色，筋呈淡粉红色，肉质紧实，细腻光滑，手抹后有黏稠感，手按之不能恢复原状	鹅肝
6	鸽肉	pigeon	鸽子根据其生长期可分为乳鸽(3～4周)和成年鸽(4周以上)。根据用途不同可分为肉用鸽、观赏鸽和通信鸽三类。烹饪中主要用肉用鸽。肉用鸽通常是指约4周龄的乳鸽，肉用鸽的胸部饱满，肉质细嫩，味美。 在西餐中常用煎、烤、焖等烹调方法	鸽肉

四、西餐常见肉制品

肉制品是指用家畜或家禽的肉、调辅料等利用一定工艺加工而成的产品。在西餐中常用的肉制品多以猪肉为原料，也会使用牛、羊肉以及鸡肉等。西方食品工业发达，其中以德国和意大利的肉制品最为著名。肉制品食用方便，在西餐烹调中应用广泛。西餐的肉制品种类很多，通常将其分为腌肉制品和香肠制品两大类。西餐常见肉制品见表 2-2-3。

表 2-2-3　西餐常见肉制品

序号	中文名称	英文名称	特　点	图　片
1	培根	bacon	培根又称咸肉、板肉，是西餐烹调中使用较为广泛的肉制品。根据其制作原料和加工方法的不同主要有以下几种。 （1）五花培根也称美式培根，是将猪五花肉切成薄片，用盐、亚硝酸钠或硝酸钠、香料等腌渍、风干、熏制而成。 （2）外脊培根也称加拿大式培根，是用纯瘦的猪外脊肉经腌渍、风干、熏制而成，口味近似于火腿。 （3）爱尔兰式培根是用带肥膘的猪外脊肉经腌渍、风干加工制成的，这种培根不用烟熏处理，肉质鲜嫩。 （4）意大利培根是将猪腹部肥瘦相间的肉，用盐和特殊的调味汁等腌渍后，将其卷成圆桶状，再经风干处理后，切成圆片制成的。意大利培根也不用烟熏处理。 （5）咸猪肥膘是用干腌法腌制而成，其加工方法是在规整的肥膘上均匀地切上刀口，再搓上食盐，腌制而成。咸猪肥膘可直接煎食，也可切成细条，嵌入用于焖、烤等肉质较瘦的大块肉中，以补充其油脂	五花培根 外脊培根 爱尔兰式培根 意大利培根
2	火腿	ham	火腿是一种在世界范围内流行很广的肉制品，目前除少数伊斯兰教国家外几乎各国都有生产或销售。 西式火腿可分为两种类型，无骨火腿和带骨火腿。著名的火腿品种有法国烟熏火腿、苏格兰整只火腿、德国陈制火腿、黑森林火腿、意大利火腿等。	法国烟熏火腿

续表

序号	中文名称	英文名称	特　点	图　片
2	火腿	ham	火腿在烹调中既可作主料又可作辅料，也可制作成冷盘	苏格兰整只火腿 意大利火腿
3	香肠	sausage	香肠的种类很多，仅在西方国家就有上千种，其中生产香肠较多的国家有德国和意大利等。制作香肠的原料主要有猪肉、牛肉、羊肉、鸡肉和兔肉等，其中以猪肉最为普遍。一般的加工过程是将肉绞碎，加上各种不同的辅料和调味料，然后灌入肠衣，再经过腌渍或烟熏、风干等方法制成。 世界上比较著名的香肠品种有德式小泥肠、米兰色拉米香肠、维也纳牛肉香肠、法国香草色拉米香肠等。 香肠在西餐烹调中可用于制作沙拉、三明治、开胃小吃，煮制菜肴，也可作热菜的辅料	德式小泥肠 米兰色拉米香肠 维也纳牛肉香肠

五、乳制品

乳制品是指以生鲜牛(羊)乳及其制品为主要原料，经加工制成的各种产品。

❶ **牛奶(milk)**　牛奶在西餐中用途非常广泛，除作为饮料外，还可以做汤和菜，以西式早点用量最大。

❷ **酸奶(yogurt)**　一般的酸奶都是牛奶经乳酸菌发酵后在凝乳酶的作用下形成的半流质状的食品。酸奶营养价值较高，有助于消化，易被人体吸收，一般用于西餐早点和沙拉。

❸ **奶油(cream)**　奶油有鲜奶油和酸奶油之分。它们都是经过加工从牛奶中分离出来的，其主要成分是牛奶的脂肪和水分。鲜奶油为乳黄色，呈流质状态，在低温下保存可呈半流质状态，加热可变为液体，有一股清新芳香味。鲜奶油经乳酸菌发酵即成酸奶油，酸奶油比鲜奶油稠，呈乳黄色，有浓郁的酸奶制品的芳香味。鲜奶油和酸奶油在西餐中作为调味品广泛用于各种菜肴中。

❹ **黄油(butter)**　黄油是从奶油中分离出来的，但不是纯净的脂肪，常温下为浅黄色的固体。黄油极易被人体吸收，而且含有丰富的维生素 A、维生素 D 及一些无机盐，气味芳香。黄油在西餐中用途很广，可直接入口，也可作为调味品用于菜点中。

❺ **奶酪(cheese)**　奶酪又称干酪、芝士、起司，是牛奶在蛋白酶的作用下浓缩、凝固，并经多种微生物的发酵作用制成的。色浅黄，呈固体状态。奶酪营养丰富，可以切片直接食用，也可用于调制各种菜点。

六、西餐常见水产类原料

西餐常见水产类原料见表 2-2-4。

表 2-2-4　西餐常见水产类原料

序号	中文名称	英文名称	特　点	图　片
1	三文鱼	salmon	三文鱼也称撒蒙鱼或萨门鱼，学名鲑鱼，产卵期有橙色条纹，其卵呈红色。以挪威产量最大，但质量最好的三文鱼产自美国和英国。 三文鱼是西餐中较常用的鱼类原料之一，鳞小刺少，肉色橙红，肉质细嫩鲜美，口感爽滑。 其在西餐中既可直接生食，又可用于烹制菜肴，如煎、烤、熏、铁扒等	三文鱼
2	鱼籽、鱼籽酱	roe、caviar	鱼籽是新鲜鱼籽加工品，浆汁较少，呈颗粒状。鱼籽酱是鲟鳇鱼卵、鲑鱼卵等的腌制品，呈半流质胶状，其中以产于接壤伊朗和俄罗斯的里海的鱼籽酱质量最佳。 鱼籽酱有黑鱼籽酱和红鱼籽酱两种，黑鱼籽酱比红鱼籽酱更名贵，上等的鱼籽酱颗粒饱满圆滑，色泽透明清亮，甚至微微泛着金黄的光泽，所以人们习惯将鱼籽酱喻作“黑色的黄金”。 鱼籽酱味道咸鲜，并有特殊的腥味，一般作西餐开胃小吃或者冷菜的装饰品；也可以配酒，最好是配香槟，尤其以酸味较重的香槟与鱼籽酱浓厚的油脂感最匹配	鱼籽酱

续表

序号	中文名称	英文名称	特　　点	图　　片
3	金枪鱼	tuna	金枪鱼又称鲔鱼、吞拿鱼，是名贵的西餐烹饪原料。 金枪鱼的肉色为红色，这是由于金枪鱼的肌肉中含有大量的肌红蛋白。金枪鱼肉质坚实，无小刺，可生食，可制作罐头、鱼干、冷菜，也可用于煎、炸、扒等烹调方法	 金枪鱼
4	鳕鱼	cod	鳕鱼又名大头青、大口鱼、大头鱼、明太鱼等，以挪威产的质量较好。 鳕鱼肉质白细鲜嫩，清爽不腻，除可煎、扒、煮外，还可加工成各种水产食品	 鳕鱼
5	龙虾	lobster	龙虾是海洋中最大的虾类，以澳大利亚和南非产的质量最佳。常见品种有波士顿龙虾、澳洲龙虾、锦绣龙虾、中国龙虾。新鲜龙虾肉质坚实，有弹性，味道鲜美。 其在西餐中既可作冷菜，也可烹食，属高档原料	 龙虾
6	牡蛎	oyster	牡蛎又称生蚝，是一种生长在海边岩石上的贝类生物。牡蛎一般在每年 12 月到第二年 4 月上市，但冬季产的质量最好。其食用部位是闭合肌。 牡蛎可以鲜食或烹食，也可干制或制成罐头	 牡蛎

续表

序号	中文名称	英文名称	特　点	图　片
7	蜗牛	snail	目前常见的蜗牛品种有法国蜗牛（又称苹果蜗牛、葡萄蜗牛），壳薄肉厚，呈茶褐色，品质最好；意大利庭院蜗牛，外壳为黄褐色，有斑点，肉质较好，有白色和褐色两种；玛瑙蜗牛（又称非洲大蜗牛），壳大，呈黄褐色，肉质一般，呈浅褐色。 西餐中蜗牛的常见烹调方法有焗、烤、烩等，也可冷吃、制汤	蜗牛

任务三　西餐常见调味品

一、醋(vinegar)

醋是西餐烹调主要的调味品之一，其品种繁多，如意大利香脂醋、香槟酒醋、香草醋、麦芽醋、葡萄酒醋、雪莉酒醋、苹果醋等。因其制作的方法不同，大致可分为发酵醋和蒸馏醋两大类。适用于鱼类菜、肉类菜，制作沙拉等。

二、胡椒(pepper)

胡椒原产于马来西亚、印度、印尼等地，其浆果干后变黑，称为黑胡椒粒，去皮后称为白胡椒粒，也可制成黑、白胡椒粉。胡椒粒和胡椒粉味道辛辣芳香，其中黑胡椒味道尤浓，是中西餐中普遍使用的调味品(图 2-2-3)。

三、咖喱(curry)

咖喱是英文“curry”的音译，是由多种香辛料配制而成的调味品，以印度产的质量最好。咖喱粉色深黄，味香、辣、略苦，在西餐中广为使用。目前我国的咖喱粉是以姜黄粉为主，与白胡椒、芫荽子、小茴香、桂皮、八角等 20 多种香辛料混合配制而成的。优质的咖喱粉香辛味浓烈，用热油加热后色不变黑，色味俱佳(图 2-2-4)。

图 2-2-3　黑胡椒

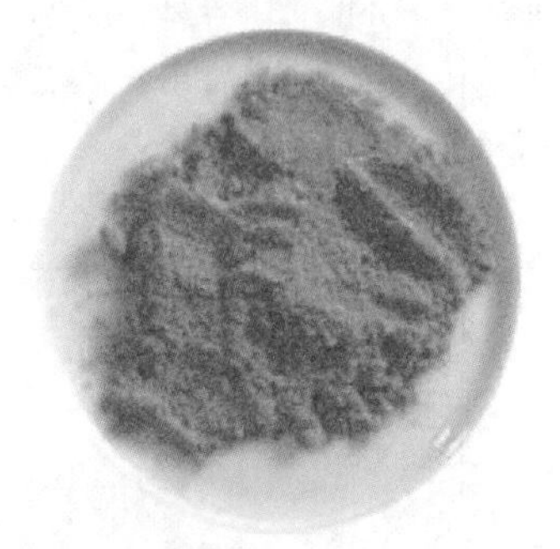

图 2-2-4　咖喱粉

四、西餐烹调用酒

酒是西餐烹调中经常使用的调味品，由于酒本身具有独特的香气和味道，故在西餐烹调中也常

常被用于菜肴的调味。一般雪莉酒、玛德拉酒用于制汤及畜肉、禽类菜肴的调味；干白葡萄酒、白兰地酒、茴香酒主要用于鱼、虾等海鲜类菜肴的调味；红葡萄酒主要用于畜肉菜肴的调味；香槟酒主要用于烤鸡、焗火腿等菜肴的调味；朗姆酒、利口酒主要用于各种甜点的调味。

五、西餐常见香料

西餐常见香料见表 2-2-5。

表 2-2-5　西餐常见香料

序号	中文名称	英文名称	特　点	图　片
1	百里香	thyme	百里香又名麝香草，味道浓郁芳香，即使长时间烹调也不失香味，因此非常适合炖煮、烘烤。干制品和鲜叶均可使用，法、美、英式菜使用较普遍和广泛，主要用于制汤和肉类、海鲜、家禽等菜肴的调味	百里香
2	迷迭香	rosemary	迷迭香香味浓郁，清甜带松木香的气味和风味，甜中带有苦味。主要用于羊肉、海鲜、鸡鸭类的烹调。烹调菜肴时常常使用干燥的迷迭香粉，使用时量不宜过大，否则味过浓，甚至有苦味	迷迭香
3	莳萝	dill	莳萝又称土茴香、刁草，叶和果实都可作为香料。在烹调中主要用其叶调味，用途广泛，常用于海鲜、汤类及冷菜的烹调	莳萝
4	罗勒	basil	罗勒俗称洋紫苏，茎叶含有挥发油，可作为调味品。常用于制作番茄类菜肴、肉类菜肴及汤类	罗勒

续表

序号	中文名称	英文名称	特　　点	图　　片
5	龙蒿	tarragon	龙蒿又称茵陈蒿、蛇蒿。其叶呈长扁状，干后仍为绿色，有浓烈的香味，并有薄荷似的味感。常用于制作禽类、汤类、鱼类菜肴，也可泡在醋内制成龙蒿醋	龙蒿
6	牛藤草	marjoram	牛藤草又称牛至，是地中海式菜肴的基本香料，是制作比萨香料、意大利香料、墨西哥香料的必备材料之一。剁碎后拌以沙拉或用来调制蘸鱼的奶油酱汁，也可在煮肉的最后几分钟加入，亦可加入比萨、番茄、蛋和奶酪中。干制的牛至叶磨碎后可撒在烤肉上以入味	牛藤草
7	阿里根奴	oregano	阿里根奴的叶子呈细长圆形，花有一种刺鼻的芳香。烹调中以意大利菜使用最普遍，是制作馅饼不可缺少的调味品	阿里根奴
8	鼠尾草	sage	鼠尾草又称洋苏草，世界各地均产。其香味浓郁，可用于调味。鼠尾草主要用于鸡、鸭、猪类菜肴及肉馅类菜肴的调味	鼠尾草

续表

序号	中文名称	英文名称	特　　点	图　　片
9	藏红花	saffron	藏红花又称“番红花”，我国早年常经西藏入境，故称藏红花，是鸢尾科多年生草本植物，其花蕊干燥后即是调味用的藏红花，是西餐中名贵的调味品，也是名贵药材。目前以西班牙、意大利产的为佳。藏红花既可调味又可调色，常用于法国、意大利、西班牙等国的汤类、海鲜类、禽类、饭类等菜肴	藏红花
10	肉豆蔻	nutmeg	肉豆蔻味道芳香甜美又带刺激性，辛辣微苦。在烘制过程中因为色泽的处理而有不同颜色，绿豆蔻为自然风干，白豆蔻以二氧化硫漂白，而印度南部及斯里兰卡等原产地以自然光晒豆蔻，所以色泽为淡黄色。在香气品质上以绿色小豆蔻最能保持此原料的风味，原香中带有柠檬香气的秀雅。在烹调中主要用于肉馅调味以及制作西点和土豆菜肴	肉豆蔻
11	薄荷叶	mint	薄荷叶是植物薄荷的叶子，味道清凉，主要食用部位为茎和叶，也可榨汁，常用作沙拉调味	薄荷叶
12	桂皮	cinnamon	桂皮是肉桂或川桂等树皮的通称，肉桂属樟科长绿乔木。桂皮含有1%～2%挥发性油，桂皮油具有芳香和刺激性甜味，并有凉感。优质的桂皮为淡棕色，并有细纹和光泽，用手折时松脆、带响，用指甲在腹面刮时有油渗出。其在西餐中常用于腌渍水果、蔬菜，也常用于制作甜点	桂皮
13	芥末	mustard/ wasabi	黄芥末是由芥菜的种子研磨而成。绿芥末（青芥辣）是用山葵根（或辣根）制造，（添加色素后）呈绿色，其辛辣气味强于黄芥末，且有一种独特的香气。芥末辣味浓烈，食之刺鼻，可促进唾液分泌，淀粉酶和胃膜液的增加，有增强食欲的作用。黄芥末以法国的第戎芥末酱和英国制造的牛头黄芥末粉较为著名	黄芥末粉 绿芥末

续表

序号	中文名称	英文名称	特　　点	图　　片
14	红椒粉	paprika	红椒粉又称甜椒粉。红椒属茄科一年生草本植物，形如柿子椒，果实较大，色红，略甜，味不辣，干后制成粉，主要产于匈牙利。红椒粉在西餐烹调中常用于烩制菜肴	红椒粉

项目三

西餐烹调方法

项目导论

烹调方法，是指根据原料、刀工、调味、成菜要求等的不同，将原料加热成熟的方法。运用不同的烹调方法，菜肴的色泽、质地、风味就不同。

项目目标

1. 掌握以油为主要传热介质的烹调方法，包括炒、煎、炸等。
2. 掌握以水为主要传热介质的烹调方法，包括温煮、沸煮、蒸、烩、焖等。
3. 掌握以空气为主要传热介质的烹调方法，包括烤、焗等。
4. 掌握以金属为主要传热介质的烹调方法，包括铁扒等。

任务一 用油传热的烹调方法

以油为传热介质的烹调方法，温度可达200摄氏度以上，菜肴成熟快，有脂香气，具有良好风味。

图 2-3-1 炒意大利面

一、炒(saute)

炒是将经过刀工处理的小体积原料，用少量的食用油，以较高的温度，在短时间内把原料加热成熟的烹调方法。在炒制过程中一般不加过多的汤汁，炒制的菜肴具有脆嫩、鲜香的特点。适用于制作质地鲜嫩的原料，如牛里脊、鸡肉、虾仁、嫩叶蔬菜、米饭等。

炒的代表菜品有黄油炒西兰花、炒意大利面(图 2-3-1)、黑胡椒炒牛柳等。

炒的操作要点如下。

(1) 炒的温度范围在150～190摄氏度。

(2) 炒制的原料形状要小，而且大小、薄厚要均匀一致。

(3) 炒制的菜肴加热时间短，翻炒频率要快。

二、煎(pan-frying)

煎是使用中等油量，将原料加热成熟的方法。煎的传热介质是油和金属，常见的煎法有以下两种。

❶ **清煎**　将原料腌制入味后，直接在油中煎熟。如煎鸡胸(图 2-3-2)。

❷ **沾面粉煎、沾蛋液煎、沾面包糠煎**　将原料腌制入味，再沾上其他原料后，在油中煎熟。如沾面粉、面糊、鸡蛋液等。也可以在原料码味后，先沾上面粉，再沾上鸡蛋液，最后沾上面包糠(图2-3-3)。

图 2-3-2　煎鸡胸

图 2-3-3　沾面包糠煎

直接煎和沾上面粉或面包糠煎制的方法，可使原材料表层结壳，内部失水少，具有外焦里嫩的特点；裹鸡蛋液煎的方法可使原料表层不结壳，而内部保留充分的水分，具有鲜香软嫩的特点。

煎的方法是用较高的油温，使原料在短时间内成熟，所以宜选用质地鲜嫩的原料，如牛里脊、鸡胸肉、鱼排等。

煎的代表菜品有煎小牛柳配黑胡椒汁、德式煎土豆饼等。

煎的操作要点如下。

(1) 煎的温度范围在 120～170 摄氏度，最高不能超过 190 摄氏度，最低不能低于 95 摄氏度。

(2) 油不宜过多，最多浸没原料的一半。

(3) 煎制容易熟的原料，可以选用较高的温度；如果煎制比较厚、难熟的食物，则要选用小火慢煎。

三、炸(deep frying)

炸是将加工后的原料放入大量的油中烹调成熟的方法。炸的过程中没有水的参与，西方人也把它归为“干式烹饪法”的一种。常见炸的方法有以下三种。

❶ **沾面包糠炸**　在原料表层沾面粉、鸡蛋液、面包糠，然后进行炸制(图 2-3-4)。

❷ **挂糊炸**　在原料的表层裹上面糊进行炸制(图 2-3-5)。

图 2-3-4　沾面包糠炸

图 2-3-5　挂糊炸

❸ **清炸**　原料直接炸制(图 2-3-6)。

图 2-3-6　清炸

炸制的菜肴，在短时间内用较高的油温加热成熟，原料表层可结成硬壳，原料内部的水分充足不易流失，具有外焦里嫩的特点，并有明显的油脂香气。炸适宜制作粗纤维少、水分充足、质地细嫩、容易成熟的食物，如鱼、虾、鸡胸肉、蔬菜等。

炸的代表菜品有英式炸鱼柳、维也纳炸牛排、法式炸薯条等。

炸的操作要点如下。

(1) 炸制的温度一般在 140～160 摄氏度，温度最高不能超过 190 摄氏度。

(2) 炸制菜肴不宜选择燃点比较低的油,如黄油、橄榄油。
(3) 炸制体积大、不易熟的原料,要用较低的油温,以便热能逐渐向内部传导,使原料熟透。
(4) 炸制体积小、容易熟的食物,要选用较高的油温,使其快速成熟。
(5) 炸油应经常过滤、去渣。一般炸制三次后,不能再使用。

任务二 用水传热的烹调方法

以水为传热介质的烹调方法,温度范围较低,菜肴清淡爽口,营养素损失小。

一、温煮(poaching)

温煮是指在标准大气压下,原料在70～96摄氏度的水或其他液体中加热成熟的方法。主要适用于质地细嫩以及需要保持形态的原料。比如水波蛋(图2-3-7)、海鲜及绿色蔬菜等。

与沸煮相比,温煮具有以下特点。
(1) 使用的液体量相对比较少。
(2) 水温比沸煮低。

二、沸煮(boiling)

沸煮是把食物原料浸入水或基础汤中,以保持煮沸的状态将原料加工成熟的烹调方法。成品菜肴具有清淡爽口的特点,同时也充分保留了原料本身的鲜美味道。对营养成分破坏比较少。一般的蔬菜、禽类、海鲜等,都可以使用沸煮的方法。

沸煮的代表菜品有沸煮比目鱼配白酒汁、沸煮芦笋配荷兰酱汁、沸煮意大利面(图2-3-8)等。

图2-3-7 水波蛋

图2-3-8 沸煮意大利面

沸煮的操作要点如下。
(1) 煮制的温度始终保持在100摄氏度。
(2) 使用的水或基础汤要没过原料,使原料完全浸没。
(3) 要及时去除浮沫,以防浮沫煮到原料中。
(4) 煮制过程一般不要加盖,使不良气味挥发。

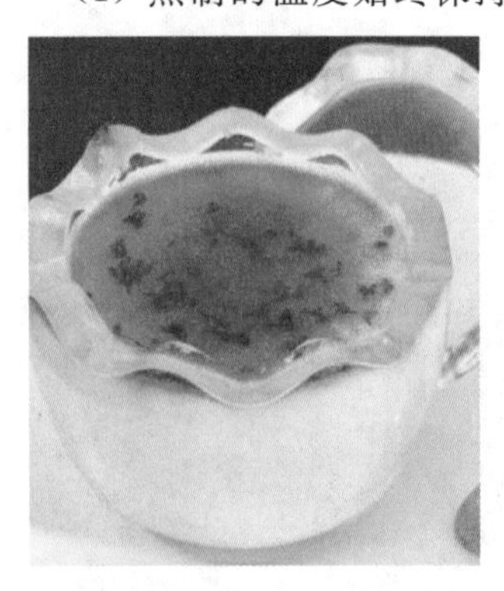

图2-3-9 蒸布丁

三、蒸(steaming)

蒸是指把加工成型的原料经过调味后,放入容器内,用蒸汽加热,使菜品成熟的烹调方法。蒸的菜品用油少,同时又是在封闭的容器内,所以蒸制的菜品一般具有清淡、原汁原味,保持原料造型的特点。适用于质地鲜嫩、水分充足的原料。如鱼、虾、慕斯、布丁等。

蒸的代表菜品有蒸布丁(图2-3-9)、比利时蒸鱼丸、蒸比目鱼卷配

鱼籽等。

蒸的操作要点如下。

(1) 原料在蒸制前要进行调味。

(2) 在加热过程中要把蒸锅或蒸箱盖严，避免跑气。

(3) 蒸制的时间根据原料不同进行选择，不宜过小，菜品要以刚刚蒸熟为好，不能蒸过。

四、烩(stewing)

烩是指把加工好的原料放入用相应的原汁调成的浓少司内，加热至成熟的烹调方法。根据烹调中使用少司的不同，又分红烩(使用番茄酱)，白烩(使用奶油)、黄烩(使用白少司蛋黄、奶油)、混合烩等不同的方法。

烩一般具有菜品原汁原味、色泽美观、用料广泛的特点。

烩的代表菜品有红酒烩牛尾、奶油烩鸡肉、爱尔兰烩羊肉、意大利烩牛肉(图 2-3-10)、印度咖喱牛肉等。

烩的操作要点如下。

(1) 少司的用量不宜多，以刚好覆盖原料为宜。

(2) 烩制的原料大部分要经过初加工。

(3) 烩制的过程中锅可以加盖。

五、焖(braising)

焖是指把加工好的原料放入水或基础汤中，小火长时间加热成熟的烹调方法，烹制过程一般会加盖以促进菜肴成熟。焖制菜品加热时间长，大多具有软烂、味浓、原汁原味的特点。主要适用于制作肉质比较老的原料，或者需要长时间中小火加热的菜肴或者主食。

焖的代表菜品有红酒焖牛肉、意大利红酒焖猪排、俄罗斯罐焖牛肉、西班牙海鲜饭(图 2-3-11)等。

图 2-3-10　意大利烩牛肉

图 2-3-11　西班牙海鲜饭

焖的操作要点如下。

(1) 焖的时间比较长。常用于形状比较大的原料，特别是肉类原料。

(2) 原料在加工处理后，一般要先煎上色。

(3) 焖时汤汁不多，一般情况下其高度只覆盖原料的 1/2 或 1/3。

(4) 焖时要加盖，原料同时依靠锅中的蒸汽制熟。

(5) 为了方便制作，使原料受热面积增大，受热更加均匀，焖有时在烤箱中进行。

任务三　用空气传热的烹调方法

一、烤(roasting)

烤是指将加工后的原料放入封闭的烤箱中，利用高温热空气的导热作用，对原料进行加热上色，

并达到规定成熟度的烹调方法。烤制的菜品色泽焦黄，并有外焦里嫩的特点。

烤的代表菜品有烤春鸡(图 2-3-12)等。

烤的操作要点如下。

(1) 烤盘的大小要根据原料的多少选择，不宜过小，否则烤制的时候油脂会溢出。

(2) 烤箱的温度控制在 150～250 摄氏度。

(3) 烤制不容易熟的食物要先用高温烤制，当表皮变硬后再用温火烤熟；烤制容易熟的食物可以一直用高温烤制。

(4) 如果食物已经上色但是还没有成熟时，就要盖上锡纸再烤。

二、焗(gratin)

焗是指在加工成熟的原料表面浇撒上一层含有高脂肪物质的原料或浓少司，放在明火焗炉上，利用高温热空气，对原料表面进行加热，使其表面上色的烹调方法。使用焗法烹调时，原料只受到上方热辐射，而没有下方的热辐射，因此焗也称为“面火烤”。特别适合于质地细嫩的海鲜、禽类等原料以及需要快速成熟或上色的菜肴。

焗的代表菜品有芝士焗意大利面、蒜蓉焗带子、焗什锦蔬菜(图 2-3-13)等。

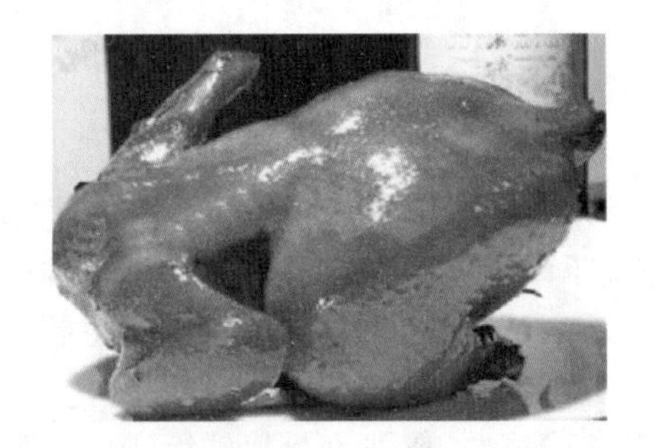

图 2-3-12　烤春鸡

图 2-3-13　焗什锦蔬菜

焗的操作要点如下。

(1) 温度较高，一般在 180～300 摄氏度。

(2) 原料要经过初加工，成熟后再放入焗盘内。

(3) 焗盘内应涂以黄油，不但可以增加菜品风味，还可以防粘。

(4) 表层的少司、芝士粉或面包糠，要浇撒得厚薄均匀、平整。

任务四　用金属传热的烹调方法

铁扒(grilling)是指将加工成型的原料，经过腌制调味后，放在扒炉上，扒成带有网状的焦纹，并达到规定成熟度的烹调方法。

图 2-3-14　铁扒牛肉

铁扒是明火烤制，温度高，能使原料表层迅速碳化，而内部水分流失少，菜品都带有明显的焦香味，并有鲜嫩多汁的特点。通常适用于形状扁平、质地鲜嫩的原料，如牛排、鱼排、大虾等。

铁扒的代表菜品有扒澳洲小牛柳、扒大虾、扒新西兰羊排、铁扒牛肉(图 2-3-14)等。

铁扒的操作要点如下。

(1) 铁扒的温度范围一般在 180～200 摄氏度，在扒制比较厚的原料时要先用较高的温度扒上色，再降低温度扒制。

(2) 根据原料的厚度和顾客要求的火候掌握扒制的时间，一般为 5～10 分钟。

项目四

基础汤

项目导论

基础汤是将含丰富蛋白质、胶质物、矿物质的动物性原料和蔬菜放入锅中加水长时间熬煮，使原料的营养成分及自身味道最大限度地溶于水中，成为营养丰富、滋味鲜醇、风味独特的汤汁。基础汤一般用于开胃汤以及热菜少司的制作。基础汤的质量是制作各种菜肴的关键。

项目目标

1. 掌握白色基础汤制作工艺。
2. 掌握棕色基础汤制作工艺。
3. 掌握基础汤制作原理。
4. 了解基础汤类型。

任务一 基础汤主要原料

一、动物性原料的肉或骨头

动物性原料的肉或骨头是基础汤的营养物质和风味的主要来源。制作基础汤一般选择的原料有牛肉、牛骨头，鸡或鸽子的肉、骨头，以及鱼骨等。

基础汤的种类很多，不同的基础汤使用不同种类的原料进行制作，通常不混合使用，以保证每种汤汁独有和纯粹的风味。如鸡基础汤一般只用鸡肉和鸡骨来熬制，牛基础汤用牛肉和牛骨头熬制(图 2-4-1)，而鱼基础汤用鱼骨及边角料来熬制(图 2-4-2)。

图 2-4-1　熬汤用牛骨

图 2-4-2　熬汤用鱼骨

二、调味蔬菜(mirepoix)

调味蔬菜也称杂菜，是洋葱(图 2-4-3)，西芹(图 2-4-4)和胡萝卜(图 2-4-5)的统称。在烹饪中，它

们可以起到增加鲜味、去除异味的作用。杂菜用于调制基础汤起源于法国，法国人最先将这些蔬菜和香草绑成捆，放入汤中增加味道，并在烹饪完成后取出。洋葱、西芹、胡萝卜的比例一般为2∶1∶1。在熬制白色基础汤时不用胡萝卜，可用鲜蘑菇代替。

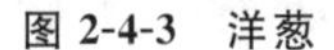

图 2-4-3　洋葱

图 2-4-4　西芹

图 2-4-5　胡萝卜

三、调味品

制作基础汤时，加入少量调味品，可以增加汤的香味。基础汤煮制时不加盐。煮制基础汤常用的调味品有百里香、迷迭香、香叶、丁香等(图 2-4-6)，有时会制成调味袋放入汤中，方便取出(图 2-4-7)。

图 2-4-6　各种调味品

图 2-4-7　调味袋

四、酸类物质

煮制基础汤时加入少许酸类物质可以促进结缔组织分解，从而提取鲜味，增加基础汤的鲜味和酸味。常用的酸类物质有番茄(图 2-4-8)、番茄膏以及葡萄酒。根据汤的色泽选取酸类物质，一般白色基础汤可加入白葡萄酒，棕色基础汤可以加入番茄、番茄膏或者红葡萄酒。

图 2-4-8　酸类物质——番茄

五、水

水是制作基础汤必不可少的原料，能起到吸收营养物质和香味的作用。通常水的用量是固体物质的三倍左右。

任务二　基础汤的类型

一、根据色泽的不同，可以将基础汤分成两大类

(1) 白色基础汤：也称为怀特原汤、浅色基础汤等，具有清澈透明、汤鲜味醇、香味浓郁、无浮沫的特点，主要用于白色汤汁、白色少司的制作。通常是将各类原料直接在冷水中煮炖制成。

常见的白色基础汤有白色牛基础汤、白色鸡基础汤、白色鱼基础汤等。

(2) 棕色基础汤：也称布朗基础汤、红色原汤等，颜色为浅棕色微带红色，浓香鲜美，略带酸味。主要用于制作禽畜类菜肴、肉汁等。一般是将动物骨头和蔬菜上色后煮炖制成。

常见的棕色基础汤有棕色牛基础汤、棕色鸡基础汤等。

基础汤制作时原料与水的比例为1∶3，一般煮制时间为6～8小时，鱼基础汤为1小时。

二、根据使用动物性原料的不同，可将基础汤分为三大类

根据使用动物性原料的不同，可将基础汤分为三大类：牛基础汤、鸡基础汤、鱼基础汤。

任务三　基础汤的制作

从制作工艺来看，不同原料的白色基础汤制法大致相同，不同原料的棕色基础汤制法也大致相同。

一、白色鸡肉基础汤/鸡清汤

扫码看视频

❶ **原料**　鸡骨、鸡共4～5千克，调味蔬菜500克（洋葱250克，胡萝卜和西芹各125克），冷水6～7升，调味品（香叶1片、胡椒粒1克、百里香2个、丁香0.25克、香菜梗6根，装入布袋包扎好）。

❷ **制作过程**

(1) 将鸡骨、鸡肉洗净，剁成大块。

(2) 将调味蔬菜洗净，切成3厘米左右的大方块。

(3) 将鸡骨、鸡肉和调味蔬菜放入汤锅，加入冷水和调味袋。

(4) 用大火将水煮沸，待水沸腾后，转为小火炖，并不断地撇去浮沫。

(5) 小火炖4～6小时后，过滤、冷却即可。

❸ **特点**　此汤清澈透明、汤鲜味醇、香味浓郁、无浮沫（图2-4-9）。

二、棕色牛肉基础汤（4升）

扫码看视频

❶ **原料**　牛骨、牛腿肉共4～5千克，调味蔬菜500克（洋葱250克，胡萝卜和西芹各125克），冷水6～7升，调味品（香叶1片、胡椒粒1克、百里香2个、丁香0.25克、香菜梗6根，装入布袋包扎好），番茄酱250克，熟番茄250克。

❷ **制作过程**

(1) 牛骨、牛腿肉洗净，剁成大块，将调味蔬菜洗净，切成3厘米左右的大方块。

(2) 将牛骨、牛肉放在烤盘上，在炉温200摄氏度的烤箱内烤成棕色。

(3) 将烤好的牛骨、牛肉放在汤锅中。汤锅中加冷水，大火加热，待水沸腾后，撇去浮沫，用小火继续煮。

(4) 将调味蔬菜放在烤牛骨的盘中，烤成浅棕色，然后放入汤中。

(5) 用冷水浇在烤盘上，将烤盘上的汁也倒入汤锅。

(6) 加入番茄酱和切碎的熟番茄以及调味袋，用小火煮原汤，6～8小时后，过滤、冷却即可。

❸ **特点**　此汤颜色为浅棕色微带红色，浓香鲜美，略带酸味（图2-4-10）。

图2-4-9　白色鸡肉基础汤

图2-4-10　棕色牛肉基础汤

Note

任务四 基础汤制作要点

❶ **食材新鲜** 制作基础汤，必须严格挑选新鲜的动物骨头、肉类和调味蔬菜，以确保汤汁的鲜美，也可用新鲜的边角料代替。

❷ **冷水制作，掌握水量** 制作基础汤要使用冷水熬制，使原料中的鲜味物质完全溶解。同时，要控制好水量，水过多则汤味淡。一般 1 千克的肉或骨头可以制作 2 千克的汤，加水的量根据原料和熬煮的时间而定。

❸ **控制火候，使汤保持在微沸的状态** 基础汤煮制的过程中，先大火将汤煮沸并及时撇去浮沫、油脂，再小火慢慢熬煮，这样可以保证原汤的澄清度。此外，煮汤的过程中不要加盖，这有利于水分蒸发，汤味变浓。

❹ **不加盐，否则会破坏汤中鲜味** 基础汤熬制过程中不加盐，食盐是一种强电解质，进入汤中便会全部电离成氯离子和钠离子，从而促进原料中蛋白质的凝固，不利于浸出物的溶出，从而破坏汤中的鲜味。

❺ **过滤，储存** 基础汤煮制过程中及时撇去汤中的浮沫和油脂，同时制成后要用几层纱布将其过滤，确保汤汁清澈。如需储存，应将原汤快速放凉后，再放入冰箱保存。通常基础汤冷藏可保存三天，若冷冻可存放三个月。

基础少司

项目导论

西餐的调味技术，主要表现在少司的制作上。少司具有确定菜肴味道、增加菜肴美观、增加菜肴的营养价值等作用。少司的制作技术，是西餐最重要的技术之一。

项目目标

1. 掌握两种冷基础少司制作技术。
2. 掌握五种热基础少司制作技术。
3. 掌握增稠原料制作技术。
4. 掌握少司的组成。
5. 掌握少司的作用。

任务一 少司的概念

少司，也称为沙司，是"sauce"的音译，指西餐菜肴的调味汁，是具有丰富味道的黏性液体。少司的作用主要有以下几点。

❶ **为菜肴增加味道** 作为菜肴的重要组成部分，少司可以丰富菜肴的味道，增加人们的食欲。

❷ **作为菜肴的润滑剂** 少司具有较好的润滑作用，特别可以增加扒、炸、煎、烤等菜肴的润滑性。

❸ **为菜肴增加美观** 少司具有不同色泽、稠度、形状、特色，与不同菜肴搭配，使菜肴更加美观，具有良好的装饰作用。

任务二 少司的组成

少司主要由以下三种原料组成。

❶ **液体原料** 液体原料是构成少司的基本原料之一，常用的有基础汤、牛奶、液体油脂等。

❷ **增稠原料** 增稠原料又称为稠化剂或增稠剂，也是制作少司的基本原料。液体原料经过稠化产生黏性后，才能够成为少司。不然，少司不会黏在菜肴的主料上，菜肴的味道也比较淡薄。

稠化技术是制作少司的关键。西餐的增稠原料的种类有许多，常用的增稠原料有以下六种。

(1) 油面酱：也称为面粉糊、黄油面酱等，它是将油脂与等量的面粉，在低温下，用小火煸炒而成的糊状原料（图 2-5-1）。

图 2-5-1　油面酱

制作油面酱,可以使用动物油脂或植物油。传统西餐,根据少司风味要求的不同,选择不同风味的油面酱。如以鸡油与面粉制成的油面酱,用于鸡肉菜肴少司;以烤牛肉的滴油与面粉制成的油面酱,用于牛肉菜肴少司。

一般来讲,以黄油为原料制作的油面酱,味道最佳。以人造黄油或植物油制成的油面酱,味道则不理想。

根据烹调的时间长短与油温高低的不同,油面酱一般有三种颜色,即白色、金黄色和褐色。随着油面酱颜色的加深,其黏性也逐渐变差。

油面酱的颜色应与所要增稠的少司的颜色相近。如白色油面酱用作奶油少司原料,褐色油面酱适用于褐色少司。

(2) 面粉糊:通常是由熔化的黄油与等量的生面粉搅拌而成。常用于少司的最后阶段。当发现少司的黏度不够理想时,可以使用几滴黄油与面粉搅拌,使少司快速增加黏度,达到理想的黏度和亮度。

(3) 干面糊:在少司比较油腻的情况下,为了不再增加多余的油分,可以使用干面糊增稠。干面糊是将面粉加热到所需要的颜色。如果需要大量制作,则将面粉平铺在烤盘上,放在烤箱中烤至沙状即可。根据不同的需要,调节烤箱的温度和时间,就可以得到不同颜色的干面糊。

(4) 蛋黄奶油芡:蛋黄奶油芡由蛋黄与鲜奶油混合在一起构成。按照一个单位的蛋黄与三个单位鲜奶油的比例,将鲜奶油加入打至起泡的蛋黄中。

使用蛋黄奶油芡要注意温度。一般先将少量热的液体与蛋黄奶油芡混合后,再倒回热的液体中。加入蛋黄奶油芡的液体继续加热到刚要煮沸即可,绝不能再煮沸,否则蛋黄会凝固,失去增稠的效果。离火后,仍需要搅拌 2～3 分钟。

蛋黄奶油芡的黏性虽然不如以上各种稠化剂,但是它可以丰富少司的味道。因此它特别适用于少司制作的最后阶段,起着调味、稠化和增加亮度三重作用。

(5) 水粉芡:也称为"石灰水",是将少量的淀粉和水混合在一起就构成,这种稠化剂没有太浓厚的味道,一般用于酸甜味道的菜肴和甜品。

(6) 面包渣:面包渣也可以作为稠化剂,但是它的用途范围很小,仅限于某些菜肴,如西班牙冷蔬菜汤等。

③ 调味原料　按照菜肴或者少司的要求,使用不同的调味原料,如各种香草调味料。

任务三　基础少司的种类

西餐少司种类很多,它们在颜色、味道、黏度、温度、功能等方面都各有特色。按照颜色的不同,少司可以分成白色少司、黄色少司、棕色少司、红色少司、绿色少司等多种(图 2-5-2、图 2-5-3、图 2-5-4);按照温度的不同,少司又可以分为冷少司和热少司。

图 2-5-2　白色的酸奶少司

图 2-5-3　红色的红酒少司

图 2-5-4　绿色的罗勒少司

不过，大部分少司都可以由基础少司变化而来。基础少司，也称为母少司，在基础少司中加入不同的原料，就可以变化出各种不同风味和特色的少司。因此，掌握基础少司的制作，是学会制作西餐少司的关键。

任务四　冷基础少司制作

根据制作工艺不同，冷基础少司主要有两大类，马乃司少司和油醋汁。

❶ 马乃司少司　马乃司少司也称沙拉酱、蛋黄酱、美乃滋，由色拉油、鸡蛋黄、酸性原料和调味品搅拌制成(图 2-5-5)。以马乃司少司为基础，可以变化出许多少司，如加入番茄少司等制成的千岛汁(图 2-5-6)，加入小香葱汁制成的翠绿香葱汁(图 2-5-7)。其还可变化出柠檬橄榄油汁(图 2-5-8)、凯撒汁(图 2-5-9)，塔塔汁/酱(图 2-5-10)等。

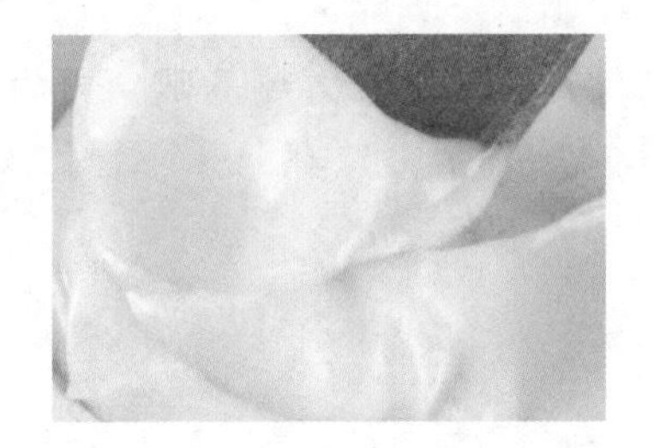

图 2-5-5　马乃司少司

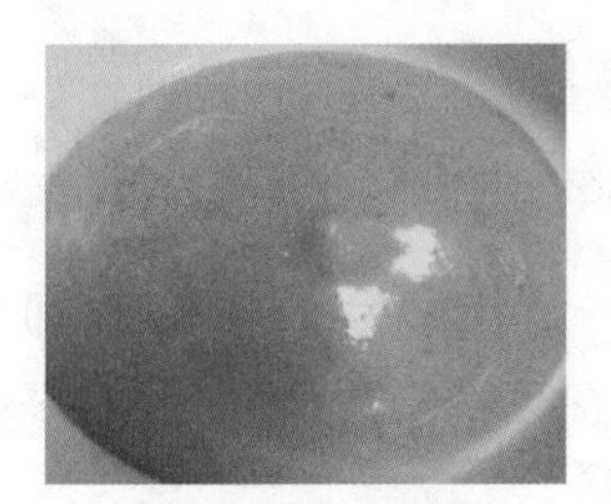

图 2-5-6　千岛汁

图 2-5-7　翠绿香葱汁

图 2-5-8　柠檬橄榄油汁

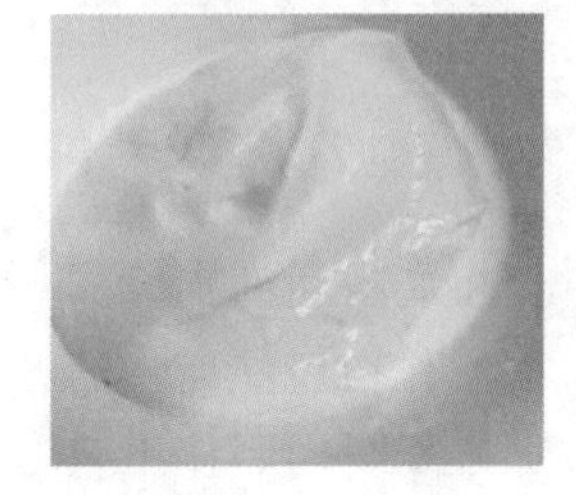

图 2-5-9　凯撒汁

图 2-5-10　塔塔汁/酱

(1) 原料：新鲜鸡蛋黄 2 个、盐 2 克、色拉油 500 克、白醋或柠檬汁 15 毫升，精盐和芥末酱适量。

(2) 制作方法：①将鸡蛋黄放进干净的盆中，一边搅拌，一边滴入色拉油，开始一滴一滴地加入蛋黄内，然后逐渐加快，使蛋黄变成较稠的蛋黄溶液。②待感觉搅拌阻力很大时，慢慢加白醋或柠檬汁稀释，再加入剩余色拉油搅打，直到用完，最后加入适量精盐和芥末酱调味。

❷ 油醋汁　油醋汁又称油醋少司、法国沙拉酱或法国汁，是由色拉油、酸性原料和调味品混合而成(图 2-5-11)。油醋汁具有咸味，微酸，色泽乳白，稠度低的特点。基本油醋汁是以色拉油和白醋为主要原料，加入精盐和胡椒粉调味而成。

油醋汁常用的原料有：①油脂类，如橄榄油、纯净的蔬菜油、玉米油、花生油或核桃油。②酸性原料，如白酒醋、苹果醋、白醋以及柠檬汁等。③调味品，一般是精盐和胡椒粉。

油醋汁制作过程中，酸性原料与所用油的重量比为 1∶3。如果在其中调入一些乳化剂，如适量的糖、奶酪或番茄酱等，少司的混合性和味道会明显改善。意大利汁和番茄汁等都是在油醋汁的基础上增加了乳化剂。油醋汁的应用非常广泛，它可以变化出许多不同风味特色的少司，比如莎莎汁(图 2-5-12)。

(1) 原料：色拉油 1500 克、白酒醋 500 克、精盐 10 克、胡椒粉 5 克。

(2) 制作方法：将以上各种原料混合在一起，搅拌均匀即可。

图 2-5-11　油醋汁

图 2-5-12　莎莎汁

任务五　热基础少司制作

西餐有五大热基础少司，几乎所有的菜点少司，特别是传统少司，都是由五大热基础少司为原料，经过再加工和调味变化而成，因此热基础少司又称为"母少司"。

子任务一　牛奶少司

图 2-5-13　牛奶少司

任务描述

牛奶少司是由牛奶、白色油面酱及调味品制成的少司(图 2-5-13)。

任务目标

1. 掌握牛奶少司的配方。
2. 掌握制作白色油面酱的方法。
3. 掌握牛奶少司制作工艺。

任务实施

❶ **原料配方**　黄油 120 克、高筋面粉 120 克、牛奶 2 升、去皮小洋葱 1 个、豆蔻 1 个、香叶 1 片，盐、白胡椒粉适量。

❷ **制作过程**

(1) 将黄油放入厚底少司锅内，小火熔化后，放入面粉，炒香但不变色。

(2) 牛奶煮沸，逐渐倒入炒好的面粉中，用抽子不停地抽打，使它们完全融在一起。

(3) 将香叶插在洋葱上，一起放入少司中，煮沸后转为小火，用小火炖 15～30 分钟，偶尔搅拌。

(4) 检查稠度(如果稠的话，可以加牛奶调节)，用盐、白胡椒粉和豆蔻调味后过滤即可。

任务评价

此少司色泽洁白，口感细腻柔滑，香气浓厚。

注意事项

过滤后可盖上盖子，在少司表面放一些熔化的黄油，以防止其表面干裂。

子任务二　白色少司

任务描述

白色少司是指由白色牛基础汤(白色鸡基础汤、白色鱼基础汤等)加上白色或金黄色的油面酱及调味品制成的少司(图 2-5-14)。

图 2-5-14　白色少司

任务目标

1. 掌握白色少司的配方。
2. 掌握制作白色油面酱的方法。
3. 掌握白色少司制作工艺。

任务实施

❶ **原料配方**　黄油 110 克、面粉(制面包用)110 克、白色基础汤 2.5 升。

❷ **制作过程**

(1) 黄油放在厚底少司锅中加热,放面粉煸炒至浅黄色,晾凉。

(2) 逐渐把热的白色基础汤加入炒面中,并用搅板或抽子不断抽打,沸腾后转为小火煮。

(3) 小火煮约 1 个小时,偶尔用抽子等抽打,撇去表面浮沫,过滤即可。

注意事项

1. 不能用盐和胡椒等对白色少司调味,基础少司一般不用盐调味。
2. 过滤后可盖上盖子,或在少司表面放一些熔化的黄油防止其表面产生干皮。
3. 储存前应使其快速降温。

子任务三　棕色少司

图 2-5-15　棕色少司

任务描述

棕色少司,也称褐色少司,或者黄汁,是指由棕色牛基础汤等加上棕色的油面酱及调味品制成的少司(图 2-5-15)。

任务目标

1. 掌握棕色少司的配方。
2. 掌握制作棕色油面酱的方法。
3. 掌握棕色少司制作工艺。

任务实施

❶ **原料配方**　洋葱碎 250 克、胡萝卜和西芹碎各 125 克、黄油 125 克、高筋面粉 125 克、番茄酱 125 克、番茄碎 125 克、棕色基础汤 3 升,调味袋 1 个(香叶 1 片、丁香 2 个、香菜梗 4 根)。

❷ 制作过程

(1) 用黄油将洋葱碎、胡萝卜和西芹碎煸炒成金黄色。

(2) 将面粉倒入煸炒好的洋葱碎、胡萝卜和西芹碎中，用低温继续煸炒，使面粉成浅棕色。

(3) 将棕色基础汤、番茄酱和番茄碎放入炒好色的面粉中，大火煮开后，撇去浮沫，转为小火炖。

(4) 放入调味袋，用小火炖 2 小时，当基础汤减少至 2 升时，过滤即成。

注意事项

过滤后，在少司的表面放少量熔化的黄油，防止表面产生干皮。

子任务四　番茄少司

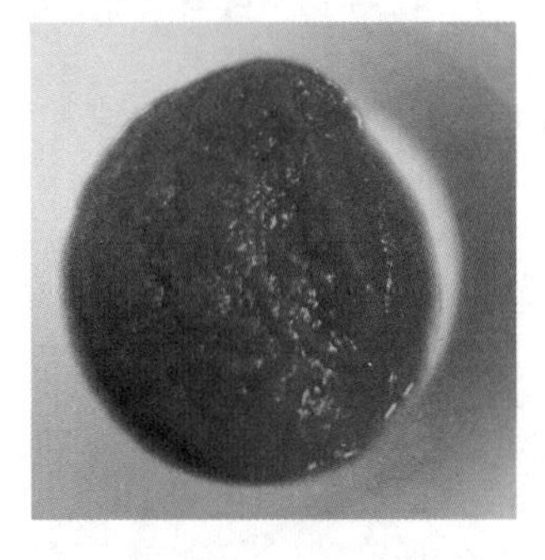

图 2-5-16　番茄少司

任务描述

番茄少司是指由棕色牛基础汤加上番茄酱、番茄，以及棕色油面酱及调味品等制成的少司(图2-5-16)。

任务目标

1. 掌握番茄少司的配方。
2. 掌握制作油面酱的方法。
3. 掌握番茄少司制作工艺。

任务实施

❶ 原料配方　黄油 25 克、面粉 50 克、洋葱碎 50 克、胡萝卜碎 30 克、西芹碎 30 克、白色或棕色基础汤 1 升、番茄碎 2 千克、番茄酱 1 千克、胡椒粉 0.5 克、调味袋 1 个(香叶 1 片、大蒜 2 头、丁香 1 个、百里香少许)，盐、白糖适量。

❷ 制作过程

(1) 黄油熔化，加洋葱、西芹、胡萝卜碎，煸炒几分钟后，加面粉，继续煸炒，使面粉成浅棕色。

(2) 加番茄碎和番茄酱炒香。

(3) 加白色或棕色基础汤，大火烧开，再用小火煮。

(4) 加调味袋，用小火炖 1 小时左右，捞出调味袋过滤，用盐和白糖调味。

注意事项

1. 注意盐和白糖的用量。
2. 为了增香，可以先用黄油将培根碎炒出油，再炒调味蔬菜。
3. 制作时，增加一些烘烤上色的肉骨头也可以。

子任务五　黄油少司

任务描述

黄油少司是指以熔化的黄油为基本原料制作的少司，常见的有荷兰少司(图 2-5-17)和班尼士少司等。

任务目标

1. 掌握黄油少司的配方。
2. 掌握少司增稠方法。
3. 掌握黄油少司制作工艺。

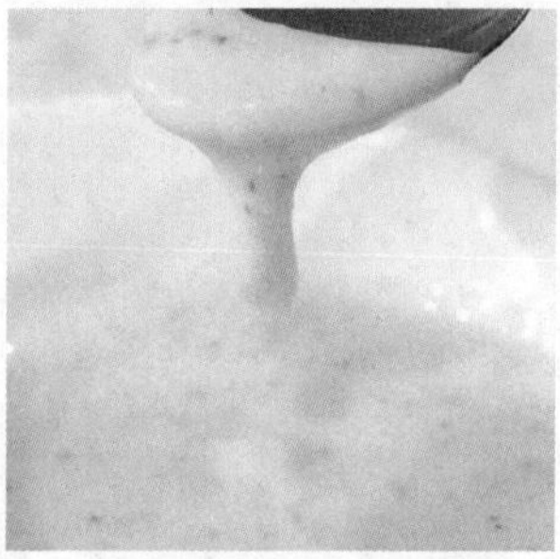

图 2-5-17　荷兰少司

任务实施

❶ **原料配方**　黄油 550 克、白酒醋 45 毫升、冷开水 30 毫升、鸡蛋黄 6 个、柠檬汁 15～30 毫升,盐、胡椒粉适量。

❷ **制作过程**

(1) 将黄油小火制作成清黄油,保持温热状,备用。

(2) 将胡椒粉、盐、白酒醋加入少司锅中,加热,近干锅时从炉上移开,加入冷开水,然后倒入不锈钢容器中,用搅铲不断地搅拌,加入鸡蛋黄,用抽子抽打。

(3) 将不锈钢容器放在热水中,保持热度,继续抽打,直至溶液变稠。

(4) 将温热的黄油,用手勺一点一点地加入鸡蛋溶液中,不断地抽打,直至全部加入鸡蛋溶液中,放柠檬汁调味,制成少司。

(5) 用盐、胡椒粉调味,过滤即可。

西餐厨房主要工作内容

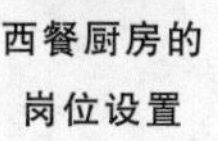

西餐厨房的岗位设置

注意事项

1. 过滤后,保持温度,在 1.5 小时内用完。
2. 若少司过稠,可加入适量热水稀释。

模块三

冷菜制作

项目一

沙拉制作

本模块课件

项目导论

沙拉一词来源于英语“salad”的音译，也称其为色拉或沙律。沙拉一般是用各种凉透的熟料或可直接食用的生料，经加工、调味后拌制而成的菜品。

沙拉的用料相当广泛，各种肉禽、海鲜、蔬菜、水果和面食都可以用于制作沙拉。沙拉制作的一般工艺流程如下。

(1) 准备所有的配料。把原料洗净、初步加工好。准备好沙拉调味汁，如果不立即制作，则将所有的配料冷藏。

(2) 把沙拉盘子摆放在工作台上，如果制作多份，则可以排成排，方便加工。

(3) 在所用的盘子上铺好沙拉底。

(4) 放沙拉配料。

(5) 加装饰物。

(6) 可冷藏备用，直到上菜。

(7) 上菜时才为含绿色蔬菜比较多的沙拉加沙拉调味汁，否则蔬菜会蔫。

沙拉通常由各种蔬菜制作而成，或者原料中蔬菜的比例很大，在保存沙拉时，应注意以下几点。

(1) 蔬菜叶子失去水分会蔫，洗净并冷藏可以使蔬菜保持鲜嫩。绿色蔬菜清洗后最好晾干或者甩掉水分，这时吸附在叶子上的水分足以保持其新鲜。若水分过多，反倒会减少它的味道和营养。

(2) 空气流通才能保证绿色蔬菜“呼吸”。不要把洗净的绿色蔬菜密封得太严或包装得太紧。可以把绿色蔬菜冷藏在用干净湿纸罩着的滤器中，或者用特制打眼的塑料箱冷藏。这样可以在长时间通风的环境中防止干燥。蔬菜搁置时间过长会产生褐斑，好像“生锈”了，影响美观。

(3) 蔬菜使用抗氧化剂洗净并且用不锈钢刀切，可以减少“生锈”的概率。当然，更好的办法是采购绿色蔬菜和制作沙拉衔接得恰到好处，这样可以避免长时间地保存绿色蔬菜。

项目目标

1. 掌握经典沙拉制作工艺。
2. 掌握流行沙拉制作工艺。

任务一 主厨沙拉

任务描述

本任务学习主厨沙拉的制作(图 3-1-1)。

图 3-1-1 主厨沙拉

任务目标

1. 掌握制作千岛汁的方法。
2. 掌握制作油醋汁的方法。
3. 掌握搭配主厨沙拉的配料。
4. 掌握正确摆盘的方法。

任务实施

❶ **原料配方** 牛柳 50 克、火腿 30 克、鸡胸肉 30 克、虾仁 30 克、奶油芝士 20 克、混合生菜 40 克、黄瓜 30 克、洋葱 20 克、鸡蛋 1 个、西芹 30 克、藜麦 30 克、百里香 3 克、香叶 2 片、千岛汁或油醋汁 80 克、盐 1 克、胡椒粉 1 克。

❷ **制作过程**

(1) 蔬菜洗净,黄瓜、西芹去皮,混合生菜泡冰水,藜麦、虾仁煮熟备用。

(2) 牛柳、鸡胸肉用盐、胡椒粉、百里香、香叶、洋葱、西芹腌制后,煎熟备用。

(3) 鸡蛋煮熟晾凉后切片备用,把火腿、奶油芝士、牛柳、鸡胸肉切成长条。

(4) 沙拉盘中放混合生菜,再把切成长条的火腿、奶油芝士、牛柳、鸡胸肉等材料整齐地摆放在生菜四周,斜立起来,中间放上熟鸡蛋片即可。

(5) 取 2 个少司盅分别装上油醋汁和千岛汁供顾客选用。

任务评价

此沙拉色彩鲜艳,造型立体,口味丰富,营养健康。

注意事项

1. 主料切制的长短、粗细应均匀,原料摆盘主要色泽的搭配应具立体感。
2. 菜肴原料可以选用肉、蛋、芝士、蔬菜、水果、谷物等。

任务二 水果沙拉

任务描述

本任务学习水果沙拉的制作(图 3-1-2)。

图 3-1-2　水果沙拉

任务目标

1. 掌握加工水果的方法。
2. 掌握水果保色技术。
3. 掌握制作水果沙拉酱汁的方法。

任务实施

❶ 原料配方　西瓜 100 克、哈密瓜 60 克、芒果 50 克、橙子 50 克、猕猴桃 40 克、葡萄 30 克、鲜橙汁 40 克、糖 20 克、金万利白兰地甜酒 30 克。

❷ 制作过程

(1) 各种水果去皮切小块,备用。

(2) 将糖、鲜橙汁、白兰地甜酒拌匀倒入水果中腌制 5 分钟。

(3) 将拌匀的水果与果汁一起装入沙拉盘中装饰即可。

任务评价

此沙拉水果清香爽口,甜酸不腻,色彩鲜艳。

注意事项

1. 可以选择多种水果来制作此沙拉,制作过程中要注意水果的保色,防止褐变反应。
2. 金万利白兰地甜酒可换成朗姆酒或君度酒。
3. 水果汁也可以搭配蛋黄酱调制的汁。

任务三　田园蔬菜沙拉

任务描述

本任务学习田园蔬菜沙拉的制作(图 3-1-3)。

图 3-1-3　田园蔬菜沙拉

任务目标

1. 掌握素食沙拉的原料搭配。
2. 掌握油醋汁的制作方法。

任务实施

❶ 原料配方　西生菜 30 克、红边生菜 20 克、芝麻菜 10 克、罗马生菜 20 克、苦苣生菜 20 克、洋葱 10 克、小番茄 10 克、荷兰小黄瓜 30 克、小红萝卜 10 克、紫甘蓝 15 克、黑橄榄 2 个、橄榄油 60 克、意大利香脂醋 20 克、意大利香料 1 克、芥末酱 1 克、蒜 1 克、盐 1 克和胡椒粉少许。

❷ 制作过程

(1) 生菜原料洗净,沥干水分,入冰箱备用,黑橄榄切圈,小番茄切角,荷兰小黄瓜和小红萝卜切片，洋葱切圈切碎。

(2) 将橄榄油、意大利香脂醋、洋葱碎、意大利香料、蒜碎、芥末酱、盐和胡椒粉放入盆中搅拌均匀，制成油醋汁。

(3) 装盘：将生菜垫底，上面堆放其他蔬菜原料，摆放美观即可。

(4) 上菜时配油醋汁。

任务评价

此沙拉口感清爽，开胃解腻，色彩丰富。

注意事项

1. 田园蔬菜沙拉为素食沙拉，蔬菜原料均可加入。
2. 少司选用油醋汁或蛋黄酱的变化少司，如千岛酱等。

任务四 凯撒沙拉

扫码看视频

任务描述

本任务学习凯撒沙拉的制作(图 3-1-4)。

图 3-1-4 凯撒沙拉

任务目标

1. 了解凯撒酱汁制作要领。
2. 掌握西餐蔬菜沙拉的变化。
3. 掌握沙拉类菜肴的装盘。

任务实施

❶ **原料配方** 罗马生菜 100 克、吐司 30 克、培根 2 片、熟鸡蛋 1 个、巴马臣芝士粉 15 克、蛋黄酱 100 克、红酒醋 20 克、蒜 10 克、银鱼柳 20 克、水瓜柳 10 克、柠檬汁 20 克、辣椒油 15 克、大藏芥末 20 克、盐和胡椒粉少许。

❷ **制作过程**

(1) 罗马生菜洗净，培根煎香切丁。吐司切成小丁，烘干后用黄油煎成金黄色，放于吸水纸上沥油，备用。

(2) 将橄榄油和蛋黄搅匀，制成蛋黄酱，加其余的调料制成凯撒酱汁。

(3) 上菜前，将生菜和凯撒酱汁拌匀，装入盘中，依次撒上巴马臣芝士粉、黄油煎吐司粒和煎香的培根粒，用黄瓜等辅料装饰即成。

任务评价

此沙拉生菜爽脆，芝士和蒜香味浓郁，味感丰富，风味适宜。

注意事项

1. 凯撒沙拉的风味比一般的生菜沙拉辛辣、浓厚。在香甜的生菜叶上沾满了浓浓的鱼鲜味，配以芝士、香脆的吐司丁和培根等，风味独特。

2. 主料选用直叶罗马生菜，其色泽翠绿，清甜、香脆，不易出水，形状美观，含大量的水分、维生素和纤维素，多吃不仅有益健康还能瘦身，在西餐中尤其适用于菜肴的盘饰。

3. 菜肴变化多，如制作方法同上，加煎香的熟鸡肉，即成凯撒鸡肉沙拉。

任务五 尼斯沙拉

图 3-1-5　尼斯沙拉

任务描述

本任务学习尼斯沙拉的制作(图 3-1-5)。

任务目标

1. 掌握制作油醋汁的方法。
2. 掌握不同原料的合理搭配。

任务实施

❶ **原料配方**　混合生菜 50 克、土豆 30 克、豇豆 20 克、青椒 20 克、甜椒 20 克、油浸金枪鱼 30 克、熟鸡蛋 1 个、黑橄榄 2 个、番茄 20 克、大藏芥末 30 克、洋葱 15 克、蒜 10 克、红酒醋 20 克、橄榄油 70 克，盐和胡椒粉少许。

❷ **制作过程**

(1) 土豆去皮，切块，入冷盐水中煮熟；豇豆去筋，煮熟，切段；番茄去蒂，去皮，切块；青椒和甜椒去蒂，去籽，切成条。

(2) 将洋葱、大藏芥末、蒜碎、红酒醋、橄榄油、盐和胡椒粉放入碗中调匀成法式油醋汁。

(3) 将主料与法式油醋汁拌匀。混合生菜放入盘中垫底，依次放上主料，用油浸金枪鱼等辅料装饰即成。

任务评价

此沙拉色彩丰富，成菜美观，味道酸咸适口，清爽不腻。

注意事项

1. 土豆切块煮至刚刚熟即可，不可久煮以免破坏形状。
2. 法式油醋汁出菜前再次搅匀，久置会分层。

任务六 三文鱼塔塔

任务描述

本任务学习三文鱼塔塔的制作(图 3-1-6)。

图 3-1-6　三文鱼塔塔

任务目标

1. 掌握塔塔少司制作方法。
2. 掌握装盘和造型方法。

任务实施

❶ **原料配方**　新鲜三文鱼 60 克、黄瓜 30 克、红菜头 30 克、彩椒 20 克、香蕉 20 克、番芫荽 5 克、塔塔汁 20 克。

❷ **制作过程**

(1) 将三文鱼切丁。

(2) 将马乃司少司和番茄少司等调料拌匀后,制成塔塔少司。

(3) 将三文鱼、牛油果和塔塔少司拌匀。

(4) 将柱形模具放在盘中,将三文鱼沙拉装入,盘中撒装饰蔬菜碎,去掉模具即成。

任务评价

此菜肴中三文鱼新鲜,形态美观。

注意事项

1. 塔塔少司适宜于各种海鲜菜肴。制作方法变化多样,可以加入雪莉酒、甜红椒粉、酸黄瓜碎、水瓜柳碎等增添风味。

2. 若用鸡尾杯装盘,此菜肴又可以称为“三文鱼鸡尾杯”。

扫码看视频

冷开胃菜制作

项目导论

冷开胃菜，也称为冷头盆等，在西餐冷菜中所占的比例很大，包括肉酱类、批类、胶冻类、鸡尾杯类、手指餐和其他开胃小吃等品种。其采用的原料一般都是软嫩、含淀粉比较多的动物肝脏、肉糜，加入凝冻用的胶质，通过刀工、调味、加热成熟、冷却、入模凝固、切配装盘等工艺流程制作而成。

冷开胃菜的特点：色调和谐，造型美观，赏心悦目，诱人食欲；块小，易食，开胃爽口；含有丰富的刺激性成分；冷开胃菜必须经过冷藏。

冷开胃菜中使用的调味汁种类较多，原料不同其应用也不同。如马乃司少司，主要用于鸡蛋、土豆、鸡肉沙拉的调味；千岛汁，主要适用于各式鱼类、虾类冷菜肴；油醋汁，主要用于各式蔬菜沙拉；芥末少司，主要适用于热制冷吃的冷菜，如焖、烤肉类等。

冷开胃菜的工艺流程一般为刀工处理→腌渍入味→加工成熟→模具成型（制作冷少司汁）→盛装成盘→装饰。

冷开胃菜的品种很多，一般可以将其分为五种基础种类。

（1）鸡尾类开胃菜（头盆）：通常以海鲜、肉类、水果等为主，如海鲜头盆（图 3-2-1）、水果头盆等。一般来说，各种原料都应冷藏后才能上桌。装盘时，常常装在鸡尾酒杯中。

（2）什锦沙拉/什锦开胃菜（头盆）：通常由多种食物混合调味制成，放于分格的盘内，包括各种酸菜、腌鱼、酿馅鸡蛋等（图 3-2-2）。

图 3-2-1　鸡尾海鲜

图 3-2-2　什锦沙拉

（3）餐前小吃：在正餐之前食用，作为餐前的开胃小吃，也作为鸡尾酒会、冷餐酒会的食品，可助酒精饮品的消化吸收（图 3-2-3）。餐前小吃冷热皆可，冷的必须要冷藏，形状要小，以便能够用牙签或小肉叉食用。餐前开胃小吃并无固定菜式，腌制的海鲜、蔬菜以及肉类、奶酪均可，如油浸小银鱼、油浸沙丁鱼、油浸金枪鱼、鲜牡蛎、虾、蟹、腌甜椒、酸菜花、酸洋葱、鱼籽酱、各种火腿、酿橄榄、肉丸及各种奶酪制品等。

（4）鸡尾小吃：鸡尾小吃又称伴酒小吃，也是一种特殊的开胃菜品种，经常是在正餐前食用，或作为鸡尾酒会上的食品，以助酒精饮料消化（图 3-2-4）。鸡尾小吃是一种小型的、半开放式的小吃，基本上和餐前小吃一样，区别在于鸡尾小吃有一个用面包、托司、酥饼、奶酪等制作的底托，将烟三文鱼、小银鱼、鱼籽酱、各种冷热奶酪、冷热肉类等放于底托上。

（5）酸果、泡菜：酸果、泡菜是指用各种香料等腌渍的瓜果、蔬菜，如各种腌渍的萝卜片、胡萝卜卷、蔬菜条、酿橄榄、青橄榄、泡菜等（图 3-2-5）。

图 3-2-3　餐前小吃

图 3-2-4　鸡尾小吃

图 3-2-5　酸果、泡菜

项目目标

掌握西餐冷开胃菜制作方法。

任务一　肉酱类菜肴制作

任务描述

肉酱，是指用脂肪炼制的各种肉类原料的肉糜。常见的有鸡肝酱(图 3-2-6)、鹅肝酱(图 3-2-7)、猪肉酱、兔肉酱等。在开胃菜中比较常见的有肉酱类、肉批类、肉冻类、开那批类等。

图 3-2-6　鸡肝酱

图 3-2-7　鹅肝酱

任务目标

1. 掌握鸡肝酱、鹅肝酱、猪肉酱配方。
2. 掌握制作鸡肝酱、鹅肝酱、猪肉酱的方法。

任务实施

❶ 原料配方

(1) 鸡肝酱原料配方:鸡肝 1000 克、黄油 90 克、奶油奶酪 375 克、洋葱 125 克、白兰地酒 375 克,牛至、肉豆蔻、丁香粉、盐、姜、牛奶均适量。

(2) 鹅肝酱原料配方:鹅肝 1000 克、鹅油 600 克、鲜奶油 150 克、洋葱 50 克、雪莉酒 100 克,香叶、百里香、豆蔻粉、黄油、盐、胡椒粉、白色基础汤均适量。

(3) 猪肉酱原料配方:猪肉(硬肋)900 克、培根 200 克、猪油 200 克、洋葱 50 克、干白葡萄酒 100 克、胡萝卜 50 克、大蒜 25 克,香叶、百里香、盐、胡椒粉、白色基础汤均适量。

❷ 制作过程

(1) 鸡肝酱:①将筋膜、脂肪从鸡肝上剔除。②将盐轻轻地撒在鸡肝上,其上加牛奶覆盖冷藏过夜,腌制充分。③用黄油煎洋葱使其稍稍变软,呈浅黄色。④加入鸡肝(冲洗、控干)、调味品,使鸡肝煎上色但不要过度,捞出。冷却待用。⑤将鸡肝和洋葱磨碎。⑥加奶油奶酪继续磨至混合的糊状。⑦加白兰地酒、盐调味,装好,冷冻过夜即可。

(2) 鹅肝酱:①剔除鹅肝筋膜、脂肪及其他杂质,洗净切块。洋葱切块。②用部分鹅油将洋葱炒香,加入鹅肝,稍炒,待鹅肝表面变硬,放入焖锅内。③再加入雪莉酒、香叶、百里香、豆蔻粉、盐、胡椒粉及基础汤,用小火将鹅肝焖熟。④取出鹅肝,晾凉,用绞肉机绞细,过细筛,滤去粗质。⑤余下的鹅油加热熔化,稍晾凉。⑥将温热的鹅油逐渐加入鹅肝泥中(边搅拌边加入),待鹅油冷却凝结后,再加入打发的鲜奶油,搅拌均匀。⑦将鹅肝酱放入模具内,表面浇上一层熔化的黄油,放入冰箱冷藏即可。

(3) 猪肉酱:①将猪肉切成大块,洋葱、胡萝卜切成片。②用部分猪油将培根炒香,加入猪肉块,大火将猪肉块四周煎上色,放入焖锅内。再加入洋葱、胡萝卜、大蒜、香叶、百里香、盐、胡椒粉、干白葡萄酒和白色基础汤,将焖锅加盖,放入 180 摄氏度的烤箱内,焖至猪肉成熟软烂。③将猪肉、培根取出,晾凉,锅内汤汁过滤。④将焖熟的猪肉、培根用绞肉机绞细,并逐渐加入过滤后的原汁、盐、胡椒粉调味,搅拌均匀。⑤将肉酱放入模具内,表面浇上余下的猪油,放入冰箱冷藏即可。

任务评价

1. 鸡肝的油脂要剔干净,将鸡肝洗净,水分控干。鸡肝酱具有色泽浅棕、细腻肥润、鲜香微咸的特点。
2. 鹅肝酱具有色泽浅棕、细腻肥润、鲜香微咸的特点,该酱是法国的代表菜品种之一。
3. 猪肉酱具有色泽淡红、细腻肥润、鲜香微咸的特点。

注意事项

1. 鸡肝酱、鹅肝酱、猪肉酱在制作时,要控干水分,剔净油脂。
2. 加入的调味品不同可以改变其口味。
3. 选择开胃菜时,注意时间性,这样可以保持开胃菜的颜色、味道和新鲜度。

任务二　肉批类开胃菜

任务描述

“批”是指各种用模具制成的冷菜，主要有三种：以各种熟制后的肉类、肝脏绞碎，放入奶油、白兰地酒或葡萄酒、香料和调味品搅成泥状，入模冷冻成形后切片的，如鹅肝酱；以各种生肉、肝脏经绞碎、调味（或加入一部分蔬菜丁或未绞碎的肝脏小丁）装模烤熟，冷却后切片的，如野味批；以熟制的海鲜、肉类、调色蔬菜，加入明胶汁、调味品，入模冷却凝固后切片的，如鱼冻、胶冻等。

批类开胃菜在原料选择上比较广泛，一般情况下，禽类、畜肉类、鱼虾类、蔬菜类及动物内脏均可（图 3-2-8）。在制作过程中，由于考虑到热制冷吃的需要，往往要选择一些质地较嫩的部位。批类开胃菜适用的范围极广，既可用于正规宴会，也可用于一般家庭聚会。

图 3-2-8　兔肉批

任务目标

1. 掌握批类入模和取模工艺。
2. 掌握批类馅料的组配与调味技术。
3. 熟练使用烤箱。
4. 掌握不同批类的储藏时间。

任务实施

❶ 原料配方

（1）冷鸡肉批原料配方：鸡胸肉 250 克、猪通脊肉 200 克、猪肥膘 350 克、鸡肝 200 克、白兰地酒 25 毫升、奶油 100 毫升、干白葡萄酒 500 毫升、火腿 100 克、开心果 50 克，豆蔻粉、植物油、盐、胡椒粉均适量。

（2）小牛肉火腿批原料配方：小牛肉 800 克、烟熏火腿 650 克、面团 300 克、胶冻汁 500 克、冬葱头 100 克、白兰地酒 50 克、黄油 50 克、盐 10 克、胡椒粉适量。

（3）皇室蔬菜批原料配方：嫩扁豆 200 克、胡萝卜 200 克、嫩西葫芦 150 克、西兰花 250 克、菜花 150 克、奶油 200 克、鸡蛋 7 个、香草芝士汁 100 克，盐、胡椒粉、豆蔻粉均适量。

❷ 制作过程

（1）冷鸡肉批：①将鸡胸肉、猪通脊肉、猪肥膘、鸡肝用绞肉机绞成肉馅，然后逐渐加入奶油、白兰地酒、干白葡萄酒搅打上劲，用盐、胡椒粉、豆蔻粉调味，搅成肉胶状，用保鲜膜包严，入冰箱冷藏 12 小时。②用植物油将配料中的鸡肝煎上色，开心果用热水略烫去皮，火腿、肥膘肉切成丁并与肉馅混合，搅匀。③将肉批放入抹油的长方形模具内填满压实。④模具上盖锡纸，入 180 摄氏度烤箱，隔水烤至成熟。⑤取出模具，冷却后压上重物，入冰箱冷藏 12 小时。⑥食用时，扣出模具，切成 2 厘米厚的片，配酸黄瓜即可。

（2）小牛肉火腿批：①小牛肉切成薄片，加入盐、胡椒粉、白兰地酒腌渍入味备用。②在长方形模具中刷一层油，再把 3/4 的面团擀成薄片，放入模具中。③把烟熏火腿切成片，与小牛肉片相间叠放在模具内，同时把冬葱末炒香放入火腿和小牛肉之间；把余下的面团也擀成薄片盖在火腿上，并捏

出图案，再刷上一层蛋液，放入 175 摄氏度烤箱中烤至成熟上色取出。④肉批冷却后，在上面扎一小孔，把胶冻汁灌入，放入冰箱内冷却。⑤上菜时把肉批扣出，切成厚片装盘，点缀即可。

（3）皇室蔬菜批：①将蔬菜洗净，嫩扁豆撕去筋，胡萝卜去皮，切成长条，嫩西葫芦去皮、去籽，切成长条，西兰花、菜花分为小朵。②用盐水分别将蔬菜煮至断生，取出控干水分。③将奶油与鸡蛋混合，加盐、胡椒粉、豆蔻粉调味，搅拌均匀。④将长方形模具内抹油，然后依次摆放上一层嫩扁豆、胡萝卜条、西葫芦条，最后将菜花根部朝上、西兰花根部朝下摆好。⑤将奶油与鸡蛋的混合物浇入模具内，将原料浸没。⑥放入 120 摄氏度烤箱，隔水烤制。模具内液体混合物的温度应保持在 70 摄氏度左右，以防温度过高而出现气孔，影响菜肴质量。⑦直至完全凝固后取出晾凉，放入冰箱冷藏 2 小时。⑧食用时，从模具内扣出，切成 2 厘米厚的片，配香草芝士汁即可。

任务评价

1. 冷鸡肉批的成品特点是色浅褐，鲜香，微咸，软嫩肥润，整齐不碎。
2. 小牛肉火腿批的成品特点是外皮金黄，肉呈棕褐色，浓香微咸。
3. 皇室蔬菜批的成品特点是色泽浅黄，口味浓香，微咸，整齐不碎，软嫩可口。

注意事项

1. 烤时注意观察烤箱温度的变化，每道菜的温度要求是不一样的，按要求烤熟即可。
2. 冷藏时间根据具体品种来定，如冷鸡肉批要冷藏 12 小时，小牛肉火腿批打孔放入胶冻汁才能冷藏，皇室蔬菜批冷藏 2 小时即可。

任务三 冻制类开胃菜

任务描述

冻制类开胃菜需先制成胶冻汁，胶冻汁的原料有鱼胶粉或吉利片、基础汤或清汤、蛋清。在制作时，将鱼胶粉或泡软的吉利片放入清汤中，使其慢慢熔化；把蛋清略微打发，加入清汤中，搅匀；再用小火加热，微沸，直至蛋清凝结变白，纱布过滤成的液体即为胶冻汁。胶冻汁根据用途、添加的原料不同，可以分为透明胶冻、果味胶冻、肉冻胶冻和蔬菜胶冻四种。

任务目标

1. 掌握胶冻汁的制作方法。
2. 掌握模具的使用技巧。

任务实施

❶ 原料配方

（1）鹅肝冻原料配方：鹅肝酱 1000 克、胶冻汁 250 克、黄油 100 克、奶油 150 克，熟胡萝卜片、熟蛋白、番芫荽叶、糖色均适量（图 3-2-9）。

（2）火腿冻原料配方：火腿 500 克、豌豆 50 克、胡萝卜 50 克，番芫荽叶和胶冻汁均适量（图 3-2-10）。

（3）海鲜蔬菜冻原料配方：大虾 200 克、鲜贝 200 克、胡萝卜 100 克、西兰花 400 克、胶冻汁 500

图 3-2-9　鹅肝冻

图 3-2-10　火腿冻

克，清菜汤、盐均适量。

❷ 制作过程

（1）鹅肝冻：①鹅肝酱内加入软化的黄油和打发的奶油，搅拌均匀。②胶冻汁加入糖色，搅拌均匀，使其成咖啡色。③将模具擦净，加入部分胶冻汁打底，放入冰箱内使其凝结。④在凝结的胶冻上用熟胡萝卜片、熟蛋白、番芫荽叶等摆成装饰的小花，再倒上一层薄薄的胶冻汁，将小花浸没，再次放入冰箱使其凝结。⑤待胶冻汁凝结后取出，放入鹅肝酱压实，再倒入一层稍厚的胶冻汁，放入冰箱使其凝结。⑥食用时将模具在温水中稍烫，扣出即可。

（2）火腿冻：①火腿切丁，胡萝卜去皮，切成小粒。②用盐水将豌豆、胡萝卜粒煮熟，晾凉。③将圆形小花模具擦净，倒入部分胶冻汁打底，放入冰箱内，使其凝结。④胶冻凝结后取出，放入火腿丁、胡萝卜粒、豌豆、番芫荽叶，再倒入胶冻汁，将模具注满。再次放入冰箱内，使其完全凝固。⑤食用时，将模具在温水中稍烫，扣出即可。

（3）海鲜蔬菜冻：①大虾、鲜贝洗净，放入清菜汤中煮熟，晾凉。②西兰花分成小朵，胡萝卜去皮，切成 0.5 厘米厚的片，分别用盐水煮熟，晾凉。③将煮熟的鲜贝切成两片，大虾剥去壳，除去沙肠。④将长方形模具擦净，浇上一层胶冻汁打底，放入冰箱内，使其凝结。⑤待其凝结后，取出模具，将西兰花花朵朝下摆于模具底部，然后依次摆上胡萝卜片、鲜贝片、大虾，最后再将西兰花花朵朝上摆满，浇入胶冻汁，浸没原料。⑥模具表面盖上保鲜膜，压上重物冷藏，使其完全凝结。⑦食用时，将模具放入温水中稍烫，扣出，切成厚片即可。

任务评价

1. 鹅肝冻制作后的特点是呈咖啡色，鲜香细腻，通体透明。
2. 火腿冻与海鲜蔬菜冻的特色是晶莹透明，色彩鲜艳，清凉爽口。

注意事项

1. 在制作冻制菜肴时，放置原料时要有顺序，避免切开后层次感不强；把握好冻制时间，调味不能过咸。
2. 开胃菜既要讲究造型，又不能过分装饰，应使菜肴大方、朴素、有艺术性。

任务四　鸡尾杯类开胃菜

任务描述

鸡尾杯类开胃菜是指以海鲜或水果为主要原料，配以酸味或浓味的调味酱汁制成的开胃菜，通

常盛在玻璃杯里，用柠檬角装饰。一般用于正式餐前的开胃小吃，也可用于鸡尾酒会。鸡尾杯类开胃菜原料较广，有用各类海鲜、禽类、肉类、蔬菜类、水果类等制成的各种冷制食品或热制冷食，在各类宴会前、冷餐会、鸡尾酒会等场合用得较多且深受欢迎。

一般情况下鸡尾杯类开胃菜在制作方法上有两个步骤，先把热制冷食或冷食品简单加工，再将加工好的食品装入鸡尾杯等容器中，并进行适当点缀，放上小餐叉或牙签即可。

任务目标

1. 掌握制作大虾开胃菜的方法。
2. 掌握制作水果开胃菜的方法。
3. 掌握鸡尾杯类菜的装盘技巧。

任务实施

❶ 原料配方

(1) 大虾杯原料配方：大虾 100 克、千岛汁 125 克、生菜叶 4 片、柠檬 4 片(图 3-2-11)。

(2) 水果头盆原料配方：苹果 100 克、香蕉 50 克、火龙果 50 克、黄桃 50 克、樱桃番茄 20 克、白砂糖 50 克、柠檬汁适量(图 3-2-12)。

图 3-2-11　大虾杯

图 3-2-12　水果头盆

❷ 制作过程

(1) 大虾杯：①大虾煮熟，剥去虾壳，剔除沙肠。②生菜叶洗净，控干水分，撕成碎片，放入鸡尾酒杯中。③杯中放入大虾肉，浇上千岛汁。④将柠檬片放在杯子边作为装饰。

(2) 水果头盆：①将白砂糖加入适量的清水中，煮成糖汁。②新鲜水果去皮、去核，切成块。樱桃番茄洗净。③将水果混合，加入糖汁和柠檬汁搅拌均匀。④放入鸡尾酒杯内，入冰箱冷冻即可。

任务评价

1. 大虾杯的特色是红绿相间，鲜香，味酸咸，滑爽适口。
2. 水果头盆的特色是味酸甜，清凉爽口。

注意事项

1. 鸡尾杯类开胃菜在制作时一定要将各种原料清洗干净，确保各种原料新鲜卫生。
2. 严格控制开胃菜的生产量，选择时，要考虑它们的味道、颜色、质地，能协调地搭配在一起。

任务五　开那批类开胃菜

任务描述

开那批类开胃菜是以脆面包、脆饼干等为底托，上面放有各种少量的或小块冷肉、冷鱼、鸡蛋片、酸黄瓜、鹅肝酱或鱼籽酱等的冷菜形式。开那批类开胃菜的主要特点是使用时不用刀叉，也不用牙签，直接用手拿取入口，因此还具有分量少、装饰精致的特点。

开那批类开胃菜在制作时，为了使其口感较好，一般蔬菜类选用一些粗纤维少，汁少味浓的蔬菜；肉类原料往往使用质地鲜嫩的部位，这样制作出的菜肴口感细腻、味道鲜美。常见的开那批类开胃菜有熏三文鱼开那批（图 3-2-13）、樱桃番茄开那批（图 3-2-14）等。

图 3-2-13　熏三文鱼开那批

图 3-2-14　樱桃番茄开那批

任务目标

1. 掌握开那批类开胃菜的原料配方。
2. 掌握开那批类开胃菜的工艺流程。
3. 掌握制作典型开那批的方法。

任务实施

❶ 原料配方

（1）熏三文鱼开那批原料配方：白吐司面包 5 片、三文鱼 100 克、柠檬片 20 片、黄油 10 克、奶油 50 克、奶酪粉 10 克，柠檬汁、莳萝、盐均适量。

（2）鸡蛋、虾仁鸡尾小吃原料配方：白吐司面包 6 片、黄瓜 50 克、虾 120 克、煮鸡蛋 3 个、沙拉酱 50 克、黄油 10 克，番芫荽末、柠檬汁、盐、胡椒粉均适量。

（3）樱桃番茄开那批原料配方：白吐司面包 4 片、樱桃番茄 8 个、鲜柠檬条 16 条、调味酱 50 克。调味酱由奶油、青豆泥和盐、胡椒粉搅拌而成。

❷ 制作过程

（1）熏三文鱼开那批：①将奶油打发，加入奶酪粉、柠檬汁、盐搅拌均匀，制成调味酱。②将白吐司面包烤成金黄色，切去四边，再分切成四块。③将小块面包涂上软化的黄油，放上三文鱼鱼片。④放上调味酱，撒上莳萝叶，用柠檬片装饰。

（2）鸡蛋、虾仁鸡尾小吃：①将虾煮熟，剥去虾壳，煮鸡蛋切成片，黄瓜切成圆片。②沙拉酱内加

入番芫荽末、盐、胡椒粉搅拌均匀。③用花戳将白吐司面包戳成小圆片涂上黄油。④圆面包片上放上黄瓜片，挤上柠檬汁，再放上虾仁。⑤浇上沙拉酱，再放上鸡蛋片，用番芫荽叶装饰即可。

(3) 樱桃番茄开那批：①将白吐司面包烤上色，切除四边，平均分成四块三角形。②在每片面包上均匀涂上调味酱，然后摆上半个樱桃番茄，以鲜柠檬条装饰。

任务评价

1. 熏三文鱼开那批的特点是造型典雅，脆爽适口。
2. 鸡蛋、虾仁鸡尾小吃的特点是造型典雅，口味鲜香，细嫩。
3. 樱桃番茄开那批的特点是色泽均匀，形状美观。

注意事项

1. 开那批开胃菜又叫"手指餐"，因此在制作时，加工的原料一定要符合卫生要求，保持开胃菜的味道清新。
2. 开那批类开胃菜要保持新鲜，原料需鲜嫩、酥脆、干燥。

任务六 卷制类开胃菜(鸡肉卷)

图 3-2-15 鸡肉卷

任务描述

本任务学习卷制类开胃菜(鸡肉卷)的制作(图 3-2-15)。

任务目标

1. 掌握禽类整只除骨的方法。
2. 掌握卷制手法。

任务实施

1 原料配方 净鸡 1 只、牛肉 300 克、猪五花 200 克、火腿 100 克、豌豆 50 克、鸡蛋 1 个、淡奶油 40 克、白葡萄酒 20 毫升、调味蔬菜 100 克、香叶 2 片、鱼胶 30 克、水 300 克，鼠尾草、意大利香料、盐和胡椒粉适量。

2 制作过程

(1) 将净鸡整只去骨：开背，剔去胸骨、腿骨、翅骨等，平放于砧板上，并用刀将硬筋剁断，撒上盐、胡椒粉腌制入味。

其他类开胃菜肴制作

(2) 用绞肉机将牛肉、猪五花绞成馅，然后逐步加入淡奶油、鸡蛋、白葡萄酒搅打上劲，并用盐、胡椒粉、鼠尾草调味。

(3) 将肉馅平铺在去骨后的鸡肉上，撒上火腿丁和煮熟的豌豆。然后将鸡肉卷成卷，用线绳捆扎好。

(4) 将鸡肉卷放入汤锅中，加入水、调味蔬菜、意大利香料、香叶，水沸后改小火微沸，煮至成熟，大约 1 小时。

(5) 取出，冷却，去除线绳，将鸡肉卷码于盘内，用蔬菜等在鸡卷表面做上装饰图案，然后浇上胶冻汁，放冰箱冷藏。

(6) 待其完全冷却后取出，切成1.5～2厘米厚的片即可。

任务评价

此菜肴色泽浅黄，圆筒形，切片后整齐不碎，口味浓香微咸，软嫩适口，不干柴。

注意事项

整鸡除骨时尽量保证鸡皮完整不破裂，卷肉馅时紧实均匀，捆绑绳线时捆紧，可以低温整烤。

项目三

冷汤制作

项目导论

冷汤又称冻汤，菜肴的温度比较低，一般在 4 摄氏度左右，甚至更低。通常将制作好的汤菜放入冰箱等冷藏设备中一段时间，使汤菜清凉爽口。其多出现在夏季菜单中，具有开胃、解暑的作用。

项目目标

掌握西餐冷汤制作技术。

任务一 安达卢西亚冷汤

图 3-3-1 安达卢西亚冷汤

任务描述

西班牙冷菜汤是一道用番茄、黄瓜、甜椒和洋葱制成的冷汤，配料包括橄榄油、红酒醋和塔巴斯科辣酱油，搭配柔软的切片面包。风味自然、色泽鲜艳、鲜美诱人，罗勒的使用更增加了冷汤的新鲜度。安达卢西亚冷汤见图 3-3-1。

任务目标

1. 掌握塔巴斯科辣椒粉的应用。
2. 掌握冷汤在色彩、原料等方面的搭配技巧。
3. 熟悉各种蔬菜的加工方法。

任务实施

❶ 原料配方 番茄 500 克、青甜椒 800 克、黄甜椒 600 克、黄瓜 200 克、洋葱 50 克、蒜 2 瓣、塔巴斯科辣椒粉 4 克、橄榄油 20 毫升、三明治面包 2 片、红酒醋 5 克、面包 100 克、鲜罗勒叶 2 片，小茴香、盐和胡椒粉适量。

❷ 制作过程

（1）甜椒、黄瓜小心去皮，番茄去皮，粗略地切好所有蔬菜，放在一个大碗中。切好的洋葱和蒜瓣加入碗中。用盐、小茴香、胡椒粉和塔巴斯科辣椒粉调味。随后加入红酒醋、橄榄油。

(2) 切除三明治面包的外面包皮。将面包中心切成条，加入碗中，混合均匀，在冰箱中放置1小时。

(3) 混合直至完全融合，所有原料放入搅拌机搅拌，然后调味，冷藏约2小时。

(4) 准备装饰：将番茄切成片，在80～90摄氏度的温度下烤干直至变脆，在烤箱中烘焙面包片直至其变成金棕色，将洋葱切块。

(5) 装盘：将西班牙冷菜汤装入玻璃杯中，用烤干的番茄片、切好的甜椒、洋葱和面包脆片装饰，最后加上罗勒叶即可。

任务评价

此汤色彩鲜红、咸酸开胃、微辣、适口不腻。

注意事项

1. 此汤可提前制作，冰镇保鲜，适合夏季食用。
2. 塔巴斯科辣椒粉可以换成西班牙辣椒粉。

任务二　黄瓜冻汤

任务描述

黄瓜冻汤是一道用鲜黄瓜、苹果醋、酸奶等制成的冷汤，清新爽口(图3-3-2)。

图3-3-2　黄瓜冻汤

任务目标

1. 掌握冷汤制作方法。
2. 掌握黄瓜冻汤制作技巧。
3. 了解黄瓜冻汤风味特色。

任务实施

❶ 原料配方　黄瓜300克、苹果醋10克、八角1克、柠檬汁10克、香菜2克、淡奶油30克、酸奶20克、杏仁5克、冰糖5克，盐和胡椒粉适量。

❷ 制作过程

(1) 黄瓜去皮、去籽后用苹果醋、冰糖腌制2小时。

(2) 上菜前将黄瓜与其他原料放入食物搅拌机内搅打均匀，用盐和胡椒粉调味。

(3) 将打好的汤入冰箱冷藏2小时，上菜前装入汤盘中，装饰即可。

任务评价

此汤颜色鲜绿、口味清新。

注意事项

保持该类冷汤的温度，冰凉爽口。食材入高转数搅拌机搅打至细腻、均匀。

任务三 胡萝卜冷汤

图 3-3-3 胡萝卜冷汤

任务描述

本任务学习胡萝卜冷汤的制作(图 3-3-3)。

任务目标

1. 掌握冷汤类菜肴制作方法与技巧。
2. 掌握制作胡萝卜冷汤的方法。
3. 了解胡萝卜冷汤的风味特色。

任务实施

1 原料配方

胡萝卜 600 克、蒜 4 克、橄榄油 5 毫升、鸡汤 300 毫升、香橙 2 个，小茴香、香叶芹、盐和胡椒粉适量。

2 制作过程

(1) 胡萝卜去皮后与蒜、小茴香、盐和少许鸡汤煮，煮至胡萝卜软，然后加橙汁继续煮，冷却。取出部分胡萝卜泥急冻。

(2) 将剩余鸡汤与胡萝卜泥搅匀成胡萝卜汤，调味，冷藏。

(3) 将急冻的胡萝卜泥用勺子刮成橄榄形放在盘中央，倒入冷藏后的胡萝卜汤，香叶芹装饰即可。

任务评价

此汤色泽橙黄，口味回甜带酸。

注意事项

此汤提前做需冰镇，上菜时可配面包片。

使用范围

夏季开胃汤。

模块四

热菜制作

项目一

热汤制作

本模块课件

项目导论

这里的汤指的是成品汤菜，可以直接装盘成菜品，不同于西餐中的基础汤。基础汤是西餐中汤菜制作、菜肴烹调、少司调味时的基础原料，类似中餐的高汤（鲜汤）。

汤通常作为西餐中的第二道菜，是以畜类、禽类、鱼类和蔬菜为原料制成的汤汁特别多的食物。有开胃、解腻等作用。

西餐中的汤基本上分为四大类：冷汤（制作工艺参见模块二）、清汤、浓汤、特制汤（汤色汤）。大多数汤最终的组成，一般都是以基础汤为根本的。因此，汤菜的质量会受到基础汤的影响。其中鸡肉基础汤是制作汤菜时使用比较多的一种基础汤。

项目目标

掌握不同类型西餐热汤菜的制作工艺。

任务一 清汤制作

子任务一 牛肉清汤

图 4-1-1 牛肉清汤

任务描述

选用牛肉制成高汤，再加入蛋清、瘦肉和调味蔬菜等同煮，用纱布过滤，清除汤中的杂质，调味而成（图 4-1-1）。

任务目标

1. 掌握牛肉清汤制作技术。
2. 掌握清汤原理。
3. 能进行清汤质量鉴别。

任务实施

❶ **原料配方** 牛骨和牛肉 250 克、胡萝卜 20 克、西芹 30 克、洋葱 20 克、香料束 1 束、精瘦牛绞肉 200 克、鸡蛋清 2 个、香叶芹 20 克，盐、胡椒粉和水适量。

❷ **制作过程**

(1) 牛骨、牛肉洗净，放入汤锅中，加足冷水煮沸，调味，小火使汤微沸，去除浮沫，加洋葱、胡萝卜、西芹、香料束一起煮 2 小时，过滤成牛肉基础汤。洋葱切片，煎至焦色备用。

(2) 鸡蛋清、精瘦牛绞肉、胡萝卜碎、香叶芹碎、洋葱碎、盐、胡椒粉一起搅拌后，加入牛肉基础汤中，煮沸后转为小火煮约 1 小时。用焦香洋葱给汤上色。

(3) 待锅内肉末成团漂浮汤面后，小心取出，用纱布将汤过滤，加盐、胡椒粉调味。

(4) 汤中可以加蔬菜丁等作为配菜装饰。

任务评价

此汤汤色呈琥珀色，清澈透明，味醇鲜美。

注意事项

清汤一直用小火熬煮，煮至澄清透明，清理杂质时动作要轻。

子任务二　鸡肉清汤

任务描述

选用鸡肉制成高汤，再加入蛋清、瘦肉和调味蔬菜等，用纱布过滤，清除汤中的杂质，调味而成(图 4-1-2)。

图 4-1-2　鸡肉清汤

任务目标

1. 学会鸡肉清汤制作技术。
2. 掌握清汤原理。
3. 能进行清汤质量鉴别。

任务实施

❶ **原料配方**　鸡骨架和老母鸡 1000 克、胡萝卜 20 克、西芹 30 克、洋葱 20 克、香料束 1 束、鸡肉肉泥 200 克、鸡蛋清 2 个、香叶芹 20 克，盐、胡椒粉和水适量。

❷ **制作过程**

(1) 鸡骨架、老母鸡洗净，放入汤锅中，加足冷水煮沸，调味，小火使汤微沸，去除浮沫，加洋葱、胡萝卜、西芹、香料束一起煮 2 小时，过滤成鸡肉基础汤。洋葱切片，煎至焦色备用。

(2) 将鸡蛋清、鸡胸肉、鸡肉肉泥、香叶芹碎，以及煎上色的洋葱片，加入鸡肉基础汤煮沸后转为小火煮，用盐和胡椒粉调味。

(3) 煮熟的鸡胸肉捞出撕成丝，备用。

(4) 待锅内肉团漂浮汤面后小心取出，将汤过滤。

(5) 上汤时，加鸡肉丝与西芹丝。

任务评价

此汤汤色澄清透明无杂质，味醇鲜美。

注意事项

1. 清汤要一直用小火熬煮,直至澄清。
2. 清理杂质时动作要轻。

任务二 奶油汤制作

子任务一　奶油蘑菇汤

图 4-1-3　奶油蘑菇汤

任务描述

本任务学习奶油蘑菇汤的制作(图 4-1-3)。

任务目标

1. 掌握制作奶油蘑菇汤的方法。
2. 能调节奶油蘑菇汤浓稠度。

任务实施

❶ **原料配方**　蘑菇 100 克、牛肝菌 30 克、羊肚菌 40 克、鸡油菌 40 克、洋葱 30 克、面粉 20 克、淡奶油 30 克、鸡肉基础汤 1500 毫升、面包 20 克,盐和胡椒粉适量。

❷ **制作过程**

(1) 炒香洋葱丝、蘑菇、牛肝菌、羊肚菌、鸡油菌后加少许面粉略炒。

(2) 加鸡肉基础汤煮 30 分钟后,放入搅拌机搅匀,倒入锅中煮开后加淡奶油搅拌,再次煮开后加盐、胡椒粉调味。可用面包条装饰。

任务评价

此汤汤体厚重,蘑菇味浓郁,鲜香细滑,口感蓬松,适口不腻。

注意事项

1. 蘑菇品类根据市场来选择,宜选呈鲜美风味的菌类。
2. 汤体浓稠度要适中。

子任务二　奶油芦笋汤

任务描述

本任务学习奶油芦笋汤的制作(图 4-1-4)。

任务目标

1. 掌握奶油芦笋汤制作工艺。
2. 掌握奶油芦笋汤质量鉴别的方法。

图 4-1-4　奶油芦笋汤

任务实施

❶ 原料配方

芦笋 500 克、洋葱丝 50 克、面粉 20 克、鸡汤 800 克、黄油 20 克、淡奶油 20 克，香叶芹、盐和胡椒粉适量。

❷ 制作过程

(1) 芦笋切段。

(2) 锅中加黄油，炒洋葱丝、芦笋后加少许面粉略炒，然后加入鸡汤或水煮开。

(3) 将芦笋搅打成蓉后，重新放入锅中，加入淡奶油煮微开，用盐和胡椒粉调味。

(4) 上菜前淋淡奶油并用香叶芹装饰即可。

此汤颜色鲜绿，口味清新，芦笋味浓郁。

注意事项

1. 开始时小火炒制，以免糊锅。
2. 芦笋不宜久煮，保持青绿色。

任务三　什锦汤制作

子任务一　蔬菜大麦汤

图 4-1-5　蔬菜大麦汤

任务描述

本任务学习蔬菜大麦汤的制作(图 4-1-5)。

任务目标

1. 掌握蔬菜大麦汤的制作工艺。
2. 掌握不同蔬菜汤的烹调。

任务实施

❶ 原料配方　腰豆 40 克、培根碎 20 克、韭葱丝 20 克、西芹丝 15 克、胡萝卜丝 15 克、甜菜丝 30 克、蒜 5 克、大麦 20 克、鼠尾草 1 克、辣椒丝 1 克、牛肉汤 1000 克、橄榄油 20 毫升、盐 3 克、胡椒粉适量。

❷ 制作过程

(1) 腰豆、鼠尾草加水、加盐煮软。

(2) 一半的腰豆搅打成泥,另一半腰豆留下备用。

(3) 锅中加橄榄油炒培根碎、韭葱丝、西芹丝、胡萝卜丝、甜菜丝、蒜、辣椒丝,加牛肉汤煮15分钟后,加入大麦煮至熟软。

(4) 最后加入备用腰豆,再煮10分钟,加盐和胡椒粉调味即可。

任务评价

此汤口味咸鲜,营养丰富。

注意事项

注意煮制时间,原料刚熟即可。

子任务二　意大利蔬菜汤

图 4-1-6　意大利蔬菜汤

任务描述

本任务学习意大利蔬菜汤的制作(图 4-1-6)。

任务目标

1. 掌握制作意大利蔬菜汤的工艺。
2. 掌握使用番茄酱调色的方法。

任务实施

❶ **原料配方**　胡萝卜30克、西芹30克、洋葱60克、莲白40克、绿色节瓜30克、黄色节瓜30克、土豆30克、腰豆40克、意大利面20克、番茄酱100克、盐5克、橄榄油50克、基础汤500克,意大利香料和胡椒粉适量。

❷ **制作过程**

(1) 所有蔬菜洗净切丁或切片。

(2) 将上述蔬菜原料用橄榄油炒香后,放入番茄酱炒15分钟。再加入腰豆、基础汤、意大利面、意大利香料,煮30分钟。

(3) 最后用盐和胡椒粉调味即可。

任务评价

此汤汤色红亮,口味咸酸,颜色丰富。

注意事项

番茄酱的用量影响汤的颜色、口味及浓度。

任务四 浓汤菜肴制作

子任务一　土豆浓汤

任务描述

本任务学习土豆浓汤的制作(图 4-1-7)。

图 4-1-7　土豆浓汤

任务目标

1. 掌握土豆浓汤制作工艺。
2. 掌握制作土豆浓汤的方法。

任务实施

❶ **原料配方**　土豆 500 克、洋葱 25 克、白色基础汤 800 克、香草束 1 束、烤面包丁 20 克、欧芹叶 2 片、盐 3 克、胡椒粉适量。

❷ **制作过程**

(1) 洋葱切成丝,土豆去皮,洗净,切成片。

(2) 黄油炒洋葱丝至软。

(3) 加入白色基础汤、土豆片和香草束,小火微沸,将土豆煮至完全软烂。

(4) 汤汁过滤,土豆拿出过细筛,压成细蓉,放入过滤后的汤汁内。

(5) 上火继续煮至所需的浓度,用盐、胡椒粉调味。

(6) 上菜时撒上欧芹末和烤面包丁即可。

任务评价

此汤汤体浓厚,味道香醇。

注意事项

用淀粉含量高的土豆效果更好,汤味更浓。

子任务二　青豆浓汤

图 4-1-8　青豆浓汤

任务描述

本任务学习青豆浓汤的制作(图 4-1-8)。

任务目标

1. 掌握青豆浓汤制作工艺。
2. 掌握制作青豆浓汤的方法。

任务实施

❶ **原料配方** 青豆 800 克、熏肉 80 克、帕尔玛火腿 50 克、胡萝卜 30 克、西芹 30 克、洋葱 30 克、香叶 2 片、盐 5 克、色拉油 50 克，百里香、丁香和胡椒粉适量。

❷ **制作过程**

(1) 洋葱、胡萝卜、西芹、熏肉、火腿切丁。

(2) 用色拉油炒香上述原料，然后加青豆略炒。

(3) 加汤或水，加入香料煮开至豆软。

(4) 取出香料，将汤用搅拌机打碎。

(5) 重新放入锅中煮开，加盐和胡椒粉调味即可。

任务评价

此汤汤体浓厚，味道醇香。

注意事项

如汤过稠可加水或汤调至合适的浓度。

任务五 特殊风味汤菜肴制作

子任务一　法式洋葱汤

图 4-1-9　法式洋葱汤

任务描述

本任务学习法式洋葱汤的制作(图 4-1-9)。

任务目标

1. 掌握法式洋葱汤制作原理。
2. 掌握制作法式洋葱汤的方法。

任务实施

❶ **原料配方** 洋葱 800 克、黄油 50 克、牛肉汤 2000 毫升、白葡萄酒 60 毫升、法式面包 4 片、瑞士奶酪 100 克，盐和胡椒粉适量。

❷ **制作过程**

(1) 洋葱切丝，奶酪切碎备用。

(2) 在厚底少司锅中，中火加热黄油，加入洋葱炒成褐色，偶尔搅拌。

(3) 加入白葡萄酒浓缩，倒入牛肉汤，小火煮，直至洋葱变软且香甜味充分融入汤中。

(4) 用盐和胡椒粉调味，保温备用。

(5) 法式面包切片，每份汤中需加入1～2片，或加入足够遮盖汤碗的汤体表面。

(6) 每个汤碗中盛一份热汤，上面放1～2片面包片，面包片上面撒奶酪碎，然后放入烤箱中将奶酪碎烤上色即可。

任务评价

此汤呈棕褐色，洋葱味香浓。

注意事项

洋葱需小火、长时间炒至上色，这样汤色才美观，汤味道才浓。

子任务二　罗宋汤

任务描述

本任务学习罗宋汤的制作(图4-1-10)。

图4-1-10　罗宋汤

任务目标

1. 掌握罗宋汤原料组成。
2. 掌握制作罗宋汤的方法。

任务实施

❶ **原料配方**　牛肉100克、牛肉汤1000毫升、黄油30克、胡萝卜50克、西芹50克、洋葱50克、韭葱40克、卷心菜30克、蒜5克、红菜头(罐头)20克、番茄30克、番茄酱50克、酸奶油30克、香料束1束、盐5克，白胡椒粉、细砂糖和红酒醋适量。

❷ **制作过程**

(1) 牛肉洗净，加部分胡萝卜、洋葱、香料束用水煮软，然后切丁。

(2) 其余胡萝卜、洋葱、西芹、卷心菜、红菜头、韭葱切小片，蒜切碎，番茄去皮、去籽切碎。

(3) 锅中放黄油炒香洋葱、胡萝卜、韭葱、西芹、卷心菜和蒜碎，然后加番茄碎、番茄酱、香叶、百里香炒匀。倒入牛肉汤煮沸，然后调小火熬煮20分钟。

(4) 盛菜前加入红菜头片和牛肉丁，加细砂糖、红酒醋、盐和白胡椒粉调味。

(5) 盛菜装盘，用酸奶油装饰即可。

任务评价

此汤色泽红亮，味咸、酸、辣，口味丰富，蔬菜清香。

注意事项

可用细砂糖、红酒醋调节汤的甜度和酸度。

子任务三　匈牙利牛肉汤

图 4-1-11　匈牙利牛肉汤

任务描述

本任务学习匈牙利牛肉汤的制作(图 4-1-11)。

任务目标

1. 掌握匈牙利牛肉汤原料组成。
2. 掌握制作匈牙利牛肉汤的方法。
3. 掌握两种红辣椒粉的区别和食用范围。

任务实施

❶ **原料配方**　牛肉 100 克、青椒 40 克、甜椒 40 克、洋葱 60 克、大蒜 20 克、胡萝卜 40 克、西芹 30 克、培根 30 克、番茄酱 100 克、面粉 20 克、牛肉清汤 1000 毫升、红葡萄酒 30 毫升、黄油 30 克、辣椒粉 20 克、干辣椒节 5 克、甜椒粉 20 克、香叶 2 片、罗勒 2 克,盐和胡椒粉适量。

❷ **制作过程**

(1) 牛肉切小条,用大火煎上色备用。

(2) 番茄去皮,与其他各种蔬菜原料,分别切小条备用。

(3) 锅内放黄油,先炒香培根和大蒜、干辣椒等,再炒香洋葱、西芹、青椒、甜椒,放红葡萄酒浓缩后,加番茄酱和面粉少许,加入牛肉清汤、牛肉和香叶、罗勒熬制。

(4) 小火熬制 30 分钟后,加入番茄、土豆条等。

(5) 待所有原料成熟后,加入辣椒粉、甜椒粉等调味即可。

任务评价

此汤色泽红亮,甜酸微辣,牛肉味浓。

注意事项

1. 土豆最后加入,这样才不会煮烂。
2. 根据口味适量加入辣椒粉。

畜类菜肴制作

项目导论

畜类原料，包括牛肉、羊肉、猪肉等及其加工制品，在西餐中适用于各种烹调方法，通常有烤、煎、扒、煮、烩、炖、煨等。

畜类菜肴的成菜风味主要受畜类肉的部位、加热方式、烹调温度与烹调时间的影响。

这类菜肴一般工艺流程是主料刀工处理→腌制入味→加工成熟→盛装成盘→浇少司汁→配上配菜→装饰。

项目目标

掌握畜类菜肴的制作技术。

任务一 烤制类畜类菜肴

任务描述

烤的烹调方法适用的范围很广，适宜加工制作各种形状较大的肉类产品、面点制品等。

烤的操作要点：一是烤箱温度要在150～250摄氏度，并根据要求随时调节温度；二是尽量避免经常开启烤箱门，以免受热不均匀；三是在烤制动物性原料时，要经常在原料上刷油或淋上烤肉汁。

任务目标

1. 掌握制作烤牛外脊肉的方法。
2. 掌握制作大蒜烤羊腿的方法。
3. 掌握烤制畜类菜肴的工艺。

任务实施

❶ 原料配方

(1) 烤牛外脊肉原料配方：牛外脊肉2000克、胡萝卜50克、芹菜50克、洋葱20克、番茄2片、酸黄瓜片5片，香叶、盐、胡椒粒、色拉油适量。

(2) 大蒜烤羊腿原料配方：羊后腿2500克、胡萝卜500克、红葡萄酒100毫升、西兰花500克、土

豆条 20 条、布朗少司 200 克，蒜碎、迷迭香、黄油、盐、胡椒粉适量。

❷ 制作过程

(1) 烤牛外脊肉(图 4-2-1)：①将加工洗净的牛外脊肉去掉薄膜，挑断牛筋，放入盆内，撒上盐、香叶、胡椒粒以及洋葱片、胡萝卜片、芹菜段，腌制 0.5 小时左右。②锅内放入色拉油，烧至七八成熟，把牛外脊肉(去掉调配料)投入油锅，使牛肉两面迅速煎至呈深棕色时捞出，放入大烤盘，再将调料撒在烤盘中，一起放入 280 摄氏度以上烤炉中，烤到外焦里嫩、里边稍有红心为宜，取出，改刀装盘。③食用时，可配上用牛基础汤熬好的少司汁、番茄和酸黄瓜片。

(2) 大蒜烤羊腿(图 4-2-2)：①将羊后腿均匀抹上盐、胡椒粉、蒜碎、迷迭香，用绳子捆扎好，再用刀在肉厚的地方均匀扎孔，把蒜肉填入。②羊腿放入 180 摄氏度的烤箱烤至全熟，烤制期间要不断地把原汁淋在羊腿上。③用黄油炒香蒜碎和迷迭香，加上红葡萄酒和布朗少司，以及烤羊腿时溢出的汁，一起煮制，待汤汁浓稠时，加入盐和胡椒粉调味。④土豆条用油炸成金黄色，蔬菜焯熟后加入盐和胡椒粉调味。⑤土豆条与蔬菜放在盘子上，羊腿切成 1 厘米厚的片放在盘子下部，浇上少司即可。

图 4-2-1　烤牛外脊

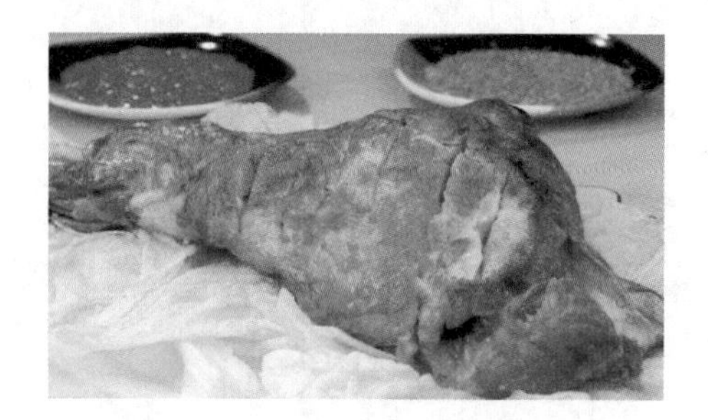

图 4-2-2　大蒜烤羊腿

任务评价

1. 烤牛外脊肉原汁原味，成熟度均匀。
2. 大蒜烤羊腿烤前调味，烤后增香，味道鲜美。

注意事项

1. 在烤前要将牛肉、羊肉定型，形成一层硬膜，避免烤制时内部肉汁过多地向外渗透。
2. 要控制烤制温度，先高温，后低温，肉不宜过熟。

任务二　煎制类畜肉菜肴

任务描述

煎的温度应控制在 120～200 摄氏度，可根据实际情况调节油温。肉薄的原料油温可高些，相反形状厚且不易熟的原料油温应该低一些。煎时用油量不能超过原料厚度的二分之一。

煎的工艺流程是平锅烧热后放入油→油热后肉排下锅→先煎一面→上色→再煎另一面→至需要的成熟度。

任务目标

1. 掌握制作香煎猪排配洋葱的方法。
2. 掌握制作煎小牛柳配蘑菇汁的方法。
3. 掌握煎制类畜肉菜肴制作工艺。

任务实施

❶ 原料配方

(1) 香煎猪排配洋葱原料配方：猪排 500 克、鸡蛋 5 个、白葡萄酒 100 毫升、洋葱 100 克、番茄酱 100 克，芝士粉、荷兰芹、面粉、黄油、盐、白胡椒粉适量。

(2) 煎小牛柳配蘑菇汁原料配方：小牛柳 2000 克、西兰花 500 克、红酒 100 毫升、花菜 500 克、白蘑菇 100 克、胡萝卜 300 克、布朗少司 600 克，土豆饼、洋葱碎、黄油、盐、胡椒粉适量。

❷ 制作过程

(1) 香煎猪排配洋葱(图 4-2-3)：①猪排切成 1 厘米厚的片，用锤子锤松。荷兰芹切末，洋葱切丝。猪排用盐、白胡椒粉、白葡萄酒腌制。②鸡蛋打成蛋液，加入芝士粉、黄油、荷兰芹末。③猪排先用干面粉裹均匀，再放入蛋液里，用蛋液包裹均匀。煎至八分熟，两面略微上色。④将洋葱略炒后，加入白葡萄酒，收汁备用。⑤盘底加入番茄酱和配菜。猪排对半切开装入盘中，撒上炒好的洋葱。

(2) 煎小牛柳配蘑菇汁(图 4-2-4)：①小牛柳加工成每个 100 克的厚片，每份两片。②撒上盐、胡椒粉、红酒，煎至顾客要求的成熟度。③少司锅内放入洋葱碎炒香，加入白蘑菇片，再加入布朗少司，煮 20 分钟，放入盐和胡椒粉调味。④西兰花、花菜加工成小朵，胡萝卜削成橄榄状。蔬菜用水焯熟，用黄油略炒。⑤盘子上放做好的土豆饼和炒好的蔬菜，再放煎好的小牛柳，浇上蘑菇汁即可。

图 4-2-3　香煎猪排配洋葱

图 4-2-4　煎小牛柳配蘑菇汁

任务评价

1. 香煎猪排配洋葱原汁原味，色泽浅褐，口味浓香。
2. 煎小牛柳配蘑菇汁味道鲜美，肉质软嫩。

注意事项

1. 煎制前要将原料进行腌制，除去腥味。
2. 煎制类菜肴的煎制时间要掌握好，否则影响菜品的口感。
3. 蔬菜的色彩要搭配好。

任务三 扒制类畜肉菜肴

扫码看视频

任务描述

西餐的扒，通常使用扒炉完成。扒的烹饪方法温度高，时间短，能使原料表面迅速碳化，原料内部的水分流失少，所以扒制的菜肴具有明显的焦香味，并有鲜嫩多汁的特点。

铁扒的温度范围一般在180～220摄氏度。扒制较厚的原料要先用较高的温度扒上色，再降低温度扒制。操作中要根据原料的厚度和顾客要求的成熟度掌握扒制的时间，一般在5～10分钟。此外金属扒板或者扒条上要保持清洁，制作菜肴时要刷油。

扒的工艺流程是扒炉预热，刷上油→将畜肉腌入味，刷上植物油→畜肉放在扒炉上→当畜肉一面呈浅棕色后，翻另一面，继续加热→直至需要的成熟度。

任务目标

1. 掌握制作黑椒牛排的方法。
2. 掌握制作贝尔西牛扒的方法。
3. 掌握扒制畜类菜肴的制作工艺。

任务实施

❶ 原料配方

(1) 黑椒牛排(4人份)原料配方：西冷牛排4块900克、黑胡椒碎15克、玉米油50克、黄油100克、牛肉清汤250毫升、蒜4瓣、洋葱半头、干葱2根、西芹半根、面粉半汤匙。

(2) 贝尔西牛扒(4人份)原料配方：西冷牛排4块700克、色拉油100克、褐色牛肉汤200毫升、冬葱30克、干白葡萄酒50毫升、番芫荽10克，黄油、盐和胡椒粉适量。

❷ 制作过程

(1) 黑椒牛排(图4-2-5)：①将黑胡椒碎压在牛排表面，刷上少量玉米油放置1小时。洋葱、蒜、干葱、西芹切成小粒备用。②黄油放入平底锅，加热熔化后，放入蒜、洋葱、干葱、西芹炒制，放入面粉及黑胡椒碎，慢火炒2～3分钟，然后加入牛肉清汤，煮沸后用慢火煮45分钟，放打碎机中打碎过滤，重新倒入锅中熬煮。③调制黏稠度，制成黑椒汁。④扒炉刷油，将牛排煎至合适成熟度，放于盘中淋上黑椒汁，配上蔬菜即可。

(2) 贝尔西牛扒(图4-2-6)：①牛排用刀拍至松软，冬葱切碎，番芫荽切碎。②扒炉中加色拉油烧热，牛排表面撒上盐和胡椒粉，放入扒炉煎制。待牛排表面定型后，继续用小火煎制，控制成熟度(三成熟、五成熟、七成熟和全熟)。牛排煎好后保温备用。③去除锅内多余的油脂，放入冬葱碎炒香，加入干白葡萄酒浓缩至酒汁将干时，加入褐色牛肉汤再次浓缩，最后用盐和胡椒粉调味，离火加黄油搅化，制成贝尔西少司，保温。④将牛扒装入热盘中，淋上贝尔西少司，表面撒上番芫荽碎，配炸土豆条或时令鲜蔬即成。

任务评价

1. 黑椒牛排肉质鲜嫩，酱汁浓郁。

图 4-2-5　黑椒牛排

图 4-2-6　贝尔西牛扒

2. 贝尔西牛扒鲜香细嫩，酱汁香浓，带有深厚的葡萄酒味与冬葱香味。

注意事项

1. 控制好火力，根据顾客的要求扒制牛排的成熟度。
2. 扒制的原料不能太厚。

任务四　烩制类畜肉菜肴

扫码看视频

任务描述

烩制菜肴，通常使用原汁和不同色泽的浓少司，一般具有原汁原味、色泽美观的特点。

任务目标

1. 掌握制作匈牙利红烩牛肉的方法。
2. 掌握制作红烩牛尾的方法。
3. 掌握烩制畜类菜肴的工艺。

任务实施

❶ 原料配方

(1) 匈牙利红烩牛肉(8 人份)原料配方：牛后腿 800 克、色拉油 40 毫升、布朗牛肉汤 800 毫升、洋葱碎 100 克、土豆 1000 克、面粉 30 克、鲜番茄 200 克，甜红椒粉、番茄酱、香料束、大蒜、盐和胡椒粉均适量。

(2) 红烩牛尾(8 人份)原料配方：牛尾 1500 克、番茄 250 克、培根 200 克、胡萝卜 150 克、白萝卜 50 克、芹菜 100 克、红葡萄酒 100 克、色拉油 250 克、番茄酱 100 克、牛肉汤 1000 克、青蒜 100 克，面粉、香叶、百里香、白胡椒粉、盐、油面酱均适量。

❷ 制作过程

(1) 匈牙利红烩牛肉(图 4-2-7)：①牛肉切成 50 克的大块，土豆切成 3 厘米的块。②锅中加色拉油烧热，放入牛肉块煎成褐色，加洋葱碎炒香，加甜红椒粉和面粉搅匀，再加入番茄酱、番茄碎、大蒜碎、香料束炒匀，最后加布朗牛肉汤煮沸，用盐和胡椒粉调味后，加盖用小火焖约 2 小时。③待牛肉软熟后取出。将牛肉汁过滤，加入土豆块、番茄煮熟。④盘中放入牛肉块、土豆块、番茄，淋上少司即可。可以搭配黄油米饭或意大利通心粉。

(2) 红烩牛尾(图 4-2-8):①先将牛尾在炉火上烧去未拔净的毛,用刀在骨节间斩成段,放入沸水锅煮 5 分钟,取出牛尾洗去油腻,沥干,然后撒上盐和白胡椒粉,沾上面粉。②锅中放入色拉油烧热,把牛尾放入煎黄。③把粗大的牛尾先放入大汤锅内,加适量水,盖紧锅盖,用大火煮 1 小时,然后再加入小的牛尾用中火煮 5 小时,至牛尾酥熟。④取出牛尾和洗净切成段的胡萝卜、白萝卜、芹菜、青蒜,切成块的番茄、培根,香叶、百里香、盐、番茄酱、红葡萄酒、牛肉汤和油面酱烩制成熟。

图 4-2-7 匈牙利红烩牛肉

图 4-2-8 红烩牛尾

任务评价

1. 匈牙利红烩牛肉的色泽棕红,牛肉软嫩鲜香,带有甜红椒粉的香辣味,味厚不腻。
2. 红烩牛尾色泽红艳,味道香浓,肥而不腻。

注意事项

1. 烩制的菜肴在初加工时,要掌握好时间。
2. 烩制的过程中要加盖。

任务五 烧制类畜肉菜肴

任务描述

烧和烩的方法很相似,是将预熟处理的原料经炸、煎或水煮后,加入适量的汤汁和调料,先用大火烧开后再改中小火慢慢加热至成熟,最后收汁的烹调方法。常见的烧制类菜肴有乡村烧肉等。

任务目标

1. 掌握制作乡村烧肉的方法。
2. 掌握烧制畜类菜肴工艺。

任务实施

❶ **原料配方** 五花肉 500 克、胡萝卜 400 克、洋葱 150 克、番茄酱 150 克、西芹 100 克、基础汤 700 毫升,蒜、红葡萄酒、色拉油、盐、胡椒粉均适量。

❷ 制作过程

(1) 五花肉、胡萝卜和洋葱分别切成3厘米左右的块，五花肉用盐和胡椒粉略腌制，蒜切厚片。

(2) 锅置旺火上，加色拉油，烧热，加五花肉炒至褐色。

(3) 锅中加番茄酱和蒜片炒香，倒入红葡萄酒和基础汤，西芹用细绳捆好，放入锅中，加盐和胡椒粉调味。

(4) 用大火煮开后，用微小火煮2～3小时，加入胡萝卜和洋葱。

(5) 起锅前，去掉西芹，用中火适当收汁即可。

任务评价

乡村烧肉色泽红润，肉质软糯，味道鲜美。

注意事项

1. 炒五花肉时要用大火将其表面炒褐、炒硬，这样可以保持原味，并且防止煮烂。
2. 红葡萄酒主要用于增香及除去异味，不能加得过多。

任务六 焖制类畜肉菜肴

任务描述

焖制方法的特点是加热时间长，一般菜品具有软烂、味浓的特色。焖制菜肴特别适宜制作结缔组织较多的原料。

任务目标

1. 掌握制作红焖牛肉的方法。
2. 掌握制作意式红焖猪排的方法。
3. 掌握焖制畜类菜肴的工艺。

任务实施

❶ 原料配方

(1) 红焖牛肉(10人份)原料配方：牛腿肉1500克、胡萝卜150克、猪肥膘100克、芹菜50克、番茄酱100克、油面酱25克、红葡萄酒50克、黄油50克、煮熟的面条500克、青豆250克，香叶、洋葱、辣酱油、盐、胡椒粉适量。

(2) 意式红焖猪排(10人份)原料配方：猪排1500克、胡萝卜25克、洋葱25克、芹菜25克、黄油100克、番茄酱50克、辣酱油25克、白葡萄酒50克、牛肉清汤500克，香叶、盐、胡椒粉适量。

图4-2-9 红焖牛肉

❷ 制作过程

(1) 红焖牛肉(图4-2-9)：①牛腿肉洗净，用钢钎顺着牛肉的

直纹穿几个洞，将胡萝卜和猪肥膘切成 0.5 厘米粗的条，分别插进肉洞。②在牛肉的四面撒上盐和胡椒粉，下锅用黄油四面煎黄，取出后放入厚底焖锅。③烧热平底锅，放入黄油将胡萝卜、芹菜、洋葱、香叶炒黄炒香，再放入番茄酱炒透，倒入牛肉焖锅内。④焖锅内再加入红葡萄酒、辣酱油、适量清水，水沸后用小火焖 2～3 小时，注意中途将牛肉翻身，防止焖焦。⑤牛肉焖酥后，切成厚块装盘，原汁用油面酱收稠浓度，浇在牛肉上，可以搭配面条、青豆等。

(2) 意式红焖猪排：①猪排斩去背脊骨，洗净，斩成两大段，撒上盐和胡椒粉备用。②烧热平底锅，放入黄油，煎至猪排上色后，放入焖锅。③在原平底锅内放入胡萝卜、洋葱、芹菜和香叶炒黄，再加入番茄酱炒透呈枣红色，倒入焖锅，再加入辣酱油、白葡萄酒、牛肉清汤等，先用大火烧开，再用小火焖 1.5 小时。④装盘时，将猪排带肋骨切成厚片，每份两块，浇上锅内滤清的原汁，配上蔬菜即可。

任务评价

1. 红焖牛肉肉质酥烂、香味浓郁。
2. 意式红焖猪排色泽鲜艳，味道醇厚。

注意事项

1. 焖制前要用油进行初步熟到处理，先将畜肉稍煎一下，可以上色并且增加菜肴的味道。
2. 基础汤用量要适当。不要用汤汁将畜肉完全覆盖，一般情况下，汤汁只要覆盖畜肉的 1/3 或者 1/2 即可。这样，菜肴成熟后味道更鲜浓。

任务七 炖制类畜肉菜肴

任务描述

图 4-2-10 炖牛肉

炖是在水或者汤中将畜肉原料加热成熟的方法。炖菜使用的汤汁比较多，炖畜肉一般需要较长的烹调时间。对于嫩度差或比较老的畜肉部位，选用炖的方法烹调，成菜效果比较好。

炖的工艺流程是将加工后畜肉放入水中→大火煮沸后，去浮沫→放调味蔬菜转为小火，烹调至成熟。常见的炖制类菜肴有炖牛肉(图 4-2-10)等。

任务目标

1. 掌握制作炖牛肉的方法。
2. 掌握炖制畜肉菜肴工艺。

任务实施

❶ 原料配方(25 人份) 牛臀肉 5000 克、植物油 125 毫升、洋葱 250 克、芹菜 125 克、胡萝卜 125 克、番茄酱 175 克、褐色牛肉基础汤 2.5 升、面包粉 125 克，香料袋(香叶 1 片、百里香 1 匙、胡椒籽 10 粒、大蒜 1 瓣)。

❷ 制作过程

(1) 在锅中将油烧热，放入牛肉，使其各面都上色，取出。将调味蔬菜放在锅中炒上色。

(2) 锅中加入番茄酱、褐色牛肉基础汤、香料袋，加入牛肉烧开，除去血沫，盖上盖炖2～3小时，将肉炖到酥烂后，将牛肉从锅中取出，保温备用。

(3) 取出香料袋，将汤体表面的油去除，保留125克植物油备用。

(4) 用备用的植物油和面包粉做成黄色奶油面粉糊，让它慢慢变凉。将肉汤放到火上炖，加入面粉糊，再炖20分钟，直到汤体变稠。

(5) 过滤好少司，调味。

(6) 将肉横向切片，片不能太厚，每125克肉配60克少司。

任务评价

炖牛肉味道浓郁，口感酥烂。

注意事项

1. 锅中加水或者基础汤要适量，因为食物的上部是被水蒸气加热成熟的。
2. 也可以用烤箱做炖菜。烤箱做菜的好处是加热均匀，热量可以从各个方位传递给食物。

任务八 焗制类畜肉菜肴

任务描述

焗使用壁炉(顶火烤炉或焗炉)，原料在炉中可以通过调节炉架高度来控制焗制温度。在加热过程中，其火力集中，热力直接烘至原料表面，成菜快速，并有诱人的色泽与香味。

焗的菜肴表层常常覆盖有浓少司，可保持主料质地鲜嫩，同时具有气味芳香、口味浓郁的特点。

焗可以分为两类。①生焗：将刀工成型后的原料，直接在焗炉中烹调成菜的方法。生焗的原料一般形状薄、小，容易成熟。②熟焗：将成熟原料，放在焗炉中焗制成菜的方法。熟焗的方法通常用于菜肴的增香和上色。常见的焗制类菜肴有希腊焗羊肉等。

任务目标

1. 掌握制作希腊焗羊肉的方法。
2. 掌握焗制畜肉菜肴的工艺。

任务实施

❶ 原料配方(4人份) 羊肉碎450克、黄油35毫升、番茄酱25克、面粉15克、牛肉清汤200毫升、番茄4个、茄子200克、白汁(白色基础少司)250毫升、奶酪粉30克、色拉油50克，洋葱、蒜头、盐、胡椒粉、番芫荽适量。

❷ 制作过程

(1) 将洋葱、蒜头洗净，切成小粒。茄子切片，拍上干面粉，用色拉油煎至两面金黄，番茄切成片。

(2) 锅内放黄油，放入洋葱及蒜头炒至微黄，放入番茄酱、羊肉碎炒 5 分钟，用盐和胡椒粉调味，然后加入牛肉清汤，用小火焖 15 分钟收汁，最后将羊肉碎放入焗盅内，摆放番茄片及茄子片于其上，淋上白汁，撒上奶酪粉，放入焗炉内，焗至表面金黄，以番芫荽作装饰。

任务评价

希腊焗羊肉的质量标准是肉质软嫩、味道浓郁。

注意事项

焗制加热时要严格控制火力，限制在小火、微火范围，锅内水温控制在 85～90 摄氏度。水面保持微沸而不沸腾。

项目三

禽类菜肴制作

项目导论

禽类是西餐原料中不可缺少的重要组成部分。禽类原料的质地口感细滑，肉嫩多汁，风味浓厚，被广泛应用在各种烹调方式中。

此外，禽类原料可以整形上菜，美观大方。禽类常见的烹饪方式有烤、煎、扒、烩、炖、煨以及混合的烹调方法。

项目目标

掌握西餐禽类菜肴的制作技术。

任务一 法式橙汁烤鸭

任务描述

本任务学习法式橙汁烤鸭的制作(图 4-3-1)。

图 4-3-1　法式橙汁烤鸭

任务目标

1. 掌握烤鸭的技术技巧。
2. 熟悉烤鸭的原料和工艺流程。
3. 掌握制作橙汁烤鸭的方法。

任务实施

❶ **原料配方**　鸭子 1200 克、烧汁 500 毫升、君度酒 50 毫升、洋葱 50 克、胡萝卜 50 克、西芹 40 克、红酒醋 20 毫升、白糖 100 克、豆蔻粉 1 克、橙子 1000 克、柠檬 1 个，盐和胡椒粉适量。

❷ **制作过程**

(1) 加工主料：鸭子去头、脚、鸭颈、内脏等，洗净备用。

(2) 加工配菜：胡萝卜、西芹、洋葱切丁。

(3) 腌制：鸭子捆绑后用蔬菜丁，盐和胡椒粉、柠檬汁腌制备用。

(4) 白糖小火加热，制作成焦糖备用。

(5) 取橙肉切角备用，取橙汁备用。

(6) 将鸭子入锅中煎上色,涂焦糖色入烤盘中,配少许蔬菜丁。

(7) 烤箱预热至 200 摄氏度,将鸭子放入并烤约 60 分钟直到全熟。

(8) 调制少司:焦糖中加橙汁、柠檬汁、红酒醋、君度酒,放入锅中,加豆蔻粉、烧汁熬煮,浓缩调味成橙味少司。

(9) 装盘:取热的菜盘,淋上少司,少司上放鸭子,用橙角装饰即可。

任务评价

此菜肴鸭皮红亮,酥香,橙味香甜,适口宜人。

注意事项

烤制过程中需要每隔大约 10 分钟取出鸭子刷油,使鸭皮富有光泽、美观。

任务二 香草烤鸡翅

图 4-3-2 香草烤鸡翅

任务描述

本任务学习香草烤鸡翅的制作(图 4-3-2)。

任务目标

1. 掌握烤法的技术技巧。
2. 掌握鸡翅的腌制方法。
3. 掌握烤鸡翅的工艺流程。

任务实施

❶ 原料配方 鸡翅 400 克、百里香 2 克、芹菜籽 10 克、阿里根奴 2 克、洋葱粉 50 克、蒜粉 50 克、罗勒 4 克、黑胡椒碎 10 克、红辣椒粉 50 克、芥末粉 8 克、时鲜蔬菜 100 克、色拉油 300 克,盐和胡椒粉适量。

❷ 制作过程

(1) 将百里香、罗勒、阿里根奴、芹菜籽、洋葱粉、蒜粉、黑胡椒碎、红辣椒粉、芥末粉、色拉油、盐和胡椒粉在盆中混合均匀,制作成腌制料备用。

(2) 将鸡翅加入腌制料中,拌匀,腌制 8 小时。

(3) 将时鲜蔬菜洗净改成块或条,入淡盐水锅中焯熟备用。

(4) 将腌制好的鸡翅取出,放入 200 摄氏度烤箱中烤制成熟即可。

(5) 装盘:取热的菜盘,放入时鲜蔬菜,将鸡翅摆放整齐即可。

任务评价

此菜肴色泽红亮,皮脆,肉质鲜嫩,味浓鲜香。

注意事项

腌制时间要足，否则不易入味，影响菜肴品质。

任务三　原汁烤火鸡

任务描述

本任务学习原汁烤火鸡的制作（图 4-3-3）。

图 4-3-3　原汁烤火鸡

任务目标

1. 掌握禽类原料中火鸡的腌制与烤制方法。
2. 熟悉烤火鸡的工艺流程。
3. 熟悉烤箱的使用方法。

任务实施

❶ **原料配方**　火鸡 1 只、胡萝卜 200 克、洋葱 200 克、西芹 150 克、百里香 10 克、鸡肉原汤 1000 毫升、阿里根奴 2 克、洋葱粉 50 克、蒜粉 50 克、番芫荽 20 克、黑胡椒碎 10 克、红辣椒粉 50 克、芥末粉 8 克、色拉油 300 克，盐、黄油面酱和胡椒粉适量。

❷ **制作过程**

（1）主料处理：火鸡洗净后去头、脚、内脏等。

（2）加工配菜：调味蔬菜切小丁，撒盐、胡椒粉、百里香、阿里根奴腌制。

（3）腌制火鸡肉：将腌制好的蔬菜丁放入烤盘中，火鸡放在上面，火鸡腹部酿入蔬菜丁。然后将火鸡捆绑，加盐、胡椒粉等调味品腌制 8 小时。

（4）烤火鸡：将火鸡连烤盘一起放入 160 摄氏度的烤箱中烤 40 分钟，再升高温度至 200 摄氏度烤至火鸡外皮金黄至成熟。烤制过程中不时翻面，边烤边淋油。烤火鸡的油汁保留备用。

（5）制作少司：黄油面酱加热后倒入鸡肉原汤与烤火鸡的油汁，小火至浓缩，收稠后用盐、胡椒粉调味。

（6）装盘：取热的菜盘，将整只火鸡装盘，配上少司即可。

任务评价

此菜肴色泽金黄，皮脆，甘香油润，肉质鲜嫩，味浓鲜香。

注意事项

1. 腌制时间要足，否则不易入味，影响菜肴品质。
2. 烤鸡与烤火鸡的方法基本一致，只需更换腌制方法即可。

任务四 地中海风味什锦香草扒鸡

图 4-3-4 地中海风味什锦香草扒鸡

任务描述

本任务学习地中海风味什锦香草扒鸡的制作(图 4-3-4)。

任务目标

1. 掌握铁扒禽类菜肴的制作方法。
2. 掌握菜肴腌制方法。

任务实施

❶ **原料配方** 鸡腿 1 只、黑胡椒碎 20 克、百里香 5 克、迷迭香 4 克、白葡萄酒 50 毫升、黄油 30 克、烧汁 400 毫升、橄榄油 100 毫升、节瓜 120 克、茄子 80 克、青椒 40 克、红椒 40 克,盐和胡椒粉适量。

❷ **制作过程**

(1) 将鸡腿去骨后略拍平整,撒盐、黑胡椒碎、百里香、迷迭香等调味品腌制备用。

(2) 蔬菜洗净后切片,撒少许盐、胡椒粉调味,淋上橄榄油备用。

(3) 制作配菜:铁扒预热至 200 摄氏度,将蔬菜扒出花纹,成熟后保温备用。

(4) 扒鸡腿:将鸡腿两面扒出纹理后入 200 摄氏度的烤箱中烤至全熟,然后将鸡肉切成粗条,烤鸡原汁保留备用。

(5) 装盘:取出热的菜盘,堆放蔬菜,放上切好的鸡肉条,配烤鸡原汁即可。

任务评价

此菜肴色泽金黄,皮脆,肉质鲜嫩,味浓鲜香。

注意事项

1. 腌制时间要足,否则不易入味,影响菜肴口感。
2. 扒鸡腿时注意用火,先大火高温煎制,再用小火,也可选用烤箱。

任务五 沙爹鸡肉串

图 4-3-5 沙爹鸡肉串

任务描述

本任务学习沙爹鸡肉串的制作(图 4-3-5)。

任务目标

1. 掌握菜肴腌制方法。

2. 熟悉铁板煎的方法。

任务实施

❶ 原料配方　鸡胸肉 1 块、无盐花生 100 克、分葱碎 30 克、蒜 20 克、咖喱粉 4 克、孜然粉 4 克、番芫荽 8 克、蜂蜜 10 毫升、青柠 2 个、芝麻油 10 克、酱油 8 克、水 250 克，盐和胡椒粉适量。

❷ 制作过程

(1) 穿鸡肉串：鸡胸肉切小块，穿成 20 串，备用。

(2) 制作沙爹酱：搅拌机中放无盐花生、分葱碎、蒜、咖喱粉、孜然粉、番芫荽、蜂蜜、水、酱油，将其搅匀，倒入少司锅中小火熬制 3～8 分钟变浓稠，备用。

(3) 刷腌制料：将青柠汁、芝麻油、酱油、盐、胡椒粉在盆中拌匀。将其刷在鸡肉串上腌制 30 分钟。

(4) 煎鸡肉串：平扒炉预热至 200 摄氏度，将肉串在扒炉上烹调成熟，烹调过程中刷腌制料。

(5) 装盘：取一热的菜盘，放入肉串，配沙爹酱即可。

任务评价

此菜肴色泽金黄，皮脆，肉质鲜嫩，味浓鲜香。

注意事项

1. 鸡肉切块时要大小均匀，这样煎或烤的成熟度才会均匀。

2. 鸡肉需要腌制 30 分钟才易入味。

3. 煎鸡肉串时注意用火，先大火高温煎制，再用小火，可选用烤架或烤箱。

任务六　巴斯克烩鸡

任务描述

本任务学习巴斯克烩鸡的制作(图 4-3-6)。

图 4-3-6　巴斯克烩鸡

任务目标

1. 掌握烩法的技术技巧。

2. 了解巴斯克地区菜肴的烹调方法。

3. 掌握巴斯克辣椒粉的使用。

任务实施

❶ 原料配方　鸡腿肉 800 克、火腿 100 克、洋葱 30 克、蒜 30 克、番茄碎 50 克、胡萝卜碎 30 克、百里香 2 克、香叶 2 片、青椒 50 克、红椒 40 克、巴斯克辣椒粉 20 克、番茄酱 50 克、白葡萄酒 50 毫升、烧汁 1000 毫升、盐 4 克、胡椒粉 2 克。

❷ 制作过程

(1) 主料处理:鸡腿肉去骨,切块,用腌料略腌制,再用火腿卷紧备用。

(2) 配菜处理:洋葱、青椒、红椒切丝,剩余火腿切丝。

(3) 煎鸡肉卷:将鸡肉卷煎定型,上色后保温,备用。

(4) 制作巴斯克少司:炒香火腿丝,加洋葱丝、蒜碎、青红椒丝、巴斯克辣椒粉、番茄碎、番茄酱炒匀,倒入白葡萄酒、烧汁,加香叶、百里香略煮,最后用盐和胡椒粉调味。

(5) 烩制鸡肉:将鸡肉加入少司中烩至成熟。

(6) 装盘:取热的大菜盘,放上鸡肉,淋汁即可。

任务评价

鸡肉鲜嫩,带有浓郁的火腿香味;少司微辣,色泽红亮。

注意事项

1. 火腿卷鸡肉时要卷紧,以便造型美观及火腿与鸡肉的香味更融合。
2. 煎鸡肉卷时用中火煎上金黄色即可,保持肉卷形状。
3. 制作少司时注意浓稠度。

任务七 比利时啤酒烩鸡

图 4-3-7 比利时啤酒烩鸡

任务描述

本任务学习比利时啤酒烩鸡的制作(图 4-3-7)。

任务目标

1. 掌握烩法的技术技巧。
2. 掌握西餐中啤酒类菜肴制作方法。

任务实施

❶ 原料配方 鸡肉 500 克、蘑菇 200 克、分葱 50 克、番芫荽 10 克、土豆 160 克、洋葱 100 克、西芹 80 克、百里香 2 克、香叶 2 片、啤酒 250 毫升、金酒 40 毫升、烧汁 1000 毫升,盐和胡椒粉适量。

❷ 制作过程

(1) 主料加工:鸡肉切大块,用洋葱、西芹略腌制。

(2) 配菜处理:洋葱切碎,蘑菇切块。

(3) 其他蔬菜处理:洋葱、西芹等料切成丁,土豆切角。

(4) 烩鸡肉:平底锅放油烧热后,放入鸡肉,将表面煎成棕褐色后,加洋葱碎炒香,喷金酒点燃后加啤酒略收,最后加烧汁煮沸,调味。

(5) 少司制作:鸡肉熟软后取出,将蘑菇加入汁中烩制成熟后调味即可。

(6) 配菜制作:将薯角炸熟后撒盐调味。

(7) 装盘:取热盘,鸡肉装盘,淋少司,配薯角即成。

任务评价

鸡肉细嫩鲜香，啤酒香味浓郁，适口不腻。

注意事项

1. 金酒可以增加菜肴味道的丰厚度，如没有金酒也可用白兰地代替。
2. 烩鸡肉时用小火，煮出啤酒的微苦味。

任务八　金奖吉利炸鸡

任务描述

本任务学习金奖吉利炸鸡的制作(图 4-3-8)。

图 4-3-8　金奖吉利炸鸡

任务目标

1. 掌握“过三关”(沾面粉、蛋液、面包糠)的方法。
2. 掌握炸制菜肴的制作技术。
3. 熟悉菜肴的装饰手法。

任务实施

❶ 原料配方　鸡胸肉 500 克、鸡蛋 3 个、面粉 40 克、面包糠 200 克、火腿片 80 克、芝士片 4 片、褐色牛肉基础汤 500 毫升、红葡萄酒 100 毫升、黄油 40 克、土豆 100 克、淡奶油 100 克，盐、胡椒粉、洋葱、番芫荽碎适量。

❷ 制作过程

(1) 鸡胸肉整理：将鸡胸肉改成连刀片备用。

(2) 制作土豆泥：土豆去皮切成块，入淡盐水中烧沸后小火煮过心，捞出后磨成土豆泥。加入黄油、淡奶油、盐和胡椒粉，用打蛋器搅匀即成法式土豆泥。

(3) 鸡蛋打撒，准备好面粉、面包糠。

(4) 卷鸡胸肉：将片好的鸡胸肉摊开，撒盐和胡椒粉，上面依次放火腿片、芝士片，然后将其卷成梭子型，再分别沾面粉、蛋液、面包糠。压紧，并抖去多余的面包糠。

(5) 炸鸡胸肉：炸炉预热至 180 摄氏度，将鸡胸肉炸熟即可。

(6) 调制少司：平底煎锅控去多余的油，放入洋葱炒香，倒入红葡萄酒，在将干时，加入褐色牛肉基础汤，小火煮至浓稠。锅端离火口，慢慢加入黄油，边加边用打蛋器搅打使之融合，将汁过滤。用盐和胡椒粉调味。

(7) 装盘：取热的菜盘，放入鸡胸肉，淋上少司，撒上番芫荽碎，配上土豆泥即可。

任务评价

此菜肴色泽金黄，外脆内嫩，味浓鲜香。

注意事项

1. 炸鸡胸肉的油温宜低，先 150 摄氏度炸熟，再升温至 180 摄氏度炸脆，也可在锅中煎制。
2. 可以将鸡胸肉加工成袋子状，将火腿片等塞入，再“过三关”。

任务九 鸡肉卷配红酒汁

图 4-3-9　鸡肉卷配红酒汁

任务描述

本任务学习鸡肉卷配红酒汁的制作(图 4-3-9)。

任务目标

1. 掌握西餐肉卷的制作方法。
2. 掌握制作蒜香奶油少司的方法。

任务实施

❶ 原料配方　整鸡 1 只、阿里根奴 2 克、鼠尾草 1 克、土豆 200 克、西兰花 100 克、胡萝卜 100 克、布朗基础汤 500 毫升、淡奶油 100 克、洋葱碎 50 克、蒜 40 克、黄油 50 克、白葡萄酒 50 毫升、香叶 1 片、百里香 1 克、迷迭香 1 克、盐 4 克、胡椒粉 2 克。

❷ 制作过程

(1) 主料处理：鸡整只去骨，然后将鸡片薄，余下的肉剁成肉馅备用。

(2) 肉馅加盐、胡椒粉等调味品调味。

(3) 加工配菜：土豆去皮切成块，入淡盐水中烧沸后小火煮过心，捞出后磨成土豆泥。加入黄油、淡奶油、盐和胡椒粉，用打蛋器搅匀即成法式土豆泥。西兰花、胡萝卜条入淡盐水焯熟，撒上盐备用。

(4) 卷制鸡肉卷：将去骨的鸡肉摊平，撒盐和胡椒粉，加肉馅，上面再放西兰花、胡萝卜条，然后卷起来，用线捆绑。

(5) 煎鸡肉卷：平底煎锅加黄油烧热，放入鸡肉卷，煎成棕褐色后入烤箱烤熟。

(6) 蒜香奶油少司：平底煎锅控去多余的油，加入洋葱碎、白葡萄酒煮干后加入布朗基础汤和淡奶油，加入蒜蓉、百里香、迷迭香烧沸后即得蒜香奶油少司。

(7) 装盘：取热的菜盘，放上切片的鸡肉卷，再放上土豆泥、西兰花、胡萝卜等配菜，淋上蒜香奶油少司即可。

任务评价

此菜肴色形美观，肉卷细嫩，酱汁味浓，风味独特。

注意事项

1. 采用整鸡去骨的方法来制作肉卷，去骨时应该保持鸡皮完整不破损。

2. 也可采用将鸡肉搅打成肉泥的方法来制作鸡肉卷。

任务十 香草烤春鸡配烤胡萝卜、西兰花、泰式甜辣酱

任务描述

本任务学习香草烤春鸡配烤胡萝卜、西兰花、泰式甜辣酱的制作(图 4-3-10)。

图 4-3-10 香草烤春鸡配胡萝卜、西兰花、泰式甜辣酱

任务目标

1. 了解融合菜式的制作技术。
2. 掌握独立制作香草烤春鸡的方法。
3. 掌握腌制春鸡的方法。
4. 掌握烤春鸡的技术要领。

任务实施

❶ **原料配方** 洋葱 25 克、西芹 25 克、胡萝卜 12 克、大蒜 12 克、生姜 15 克、糖 25 克、盐 40 克、香叶 1 个、黑胡椒粒 4 克、直饮水 1000 毫升、春鸡 1000 克、手指胡萝卜 6 个、西兰花 15 克、泰式甜辣酱 25 克。

❷ **制作过程**

(1) 将洋葱、西芹、胡萝卜、大蒜、生姜、糖、盐、香叶、黑胡椒粒放入料理机中,并加 1000 毫升直饮水,用料理机打碎,制成香料水。将春鸡浸泡在香料水中 24 小时。

(2) 取出春鸡,洗净香料,吸干水分。平底锅烧热,鸡皮朝下,煎上色后。送入烤箱于 180 摄氏度,烤 12～15 分钟。

(3) 手指胡萝卜去皮,加盐、黑胡椒粉、橄榄油,放入烤箱,180 摄氏度烤 8 分钟。

(4) 西兰花切成小朵,过水汆烫,调味。

(5) 将泰式甜辣酱放入酱汁碟,依次放入烤鸡、拇指胡萝卜、西兰花摆盘。

任务评价

香草烤鸡口味咸鲜,多汁。拇指胡萝卜甘甜,西兰花脆爽,色彩艳丽丰富。

注意事项

1. 鸡肉要浸泡在香料水中。
2. 胡萝卜不要烤过。

菜肴变化

1. 不同的香料水可以造就不同的烤鸡风味。
2. 配菜多种多样,随心搭配。

任务十一 五香鸭胸配浓缩橙汁、无花果、节瓜卷

图 4-3-11 五香鸭胸配浓缩橙汁、无花果、节瓜卷

任务描述

本任务学习五香鸭胸配浓缩橙汁、无花果、节瓜卷的制作(图4-3-11)。

任务目标

1. 了解现代法餐的制作特点。
2. 能独立制作五香鸭胸。
3. 掌握腌制五香鸭胸的方法。
4. 掌握煎烤鸭胸要领。

任务实施

❶ **原料配方** 糖 50 克、盐 300 克、孜然粉 2 克、辣椒粉 4 克、五香粉 10 克、水 1000 毫升、鸭胸肉 3 片、橙汁 1000 毫升、无花果 10 克、黄节瓜 5 克、绿节瓜 5 克。

❷ **制作过程**

(1) 用水将糖、盐、孜然粉、辣椒粉、五香粉搅拌均匀制成五香粉水。

(2) 鸭胸吸干水分,皮面开十字花刀。放入五香粉水中 6 小时后捞出。擦去多余水分。锅烧热,皮朝下,小火将皮面上多余油脂煎出。放入烤箱,200 摄氏度烤 6 分钟后拿出醒 4 分钟,切成漂亮的条形。

(3) 橙汁加糖浓缩至光亮且有稠度(大概浓缩为 200 毫升)。

(4) 节瓜洗净,刨成薄片,加盐、橄榄油调味。用火枪两面喷制后,两种不同颜色的节瓜片相叠卷成卷后,从中一分为二。

(5) 无花果切角,将鸭胸条、节瓜卷、无花果角依次摆入盘中,加浓缩橙汁点缀即可。

任务评价

鸭胸与节瓜卷、无花果口感相辅相成。浓缩橙汁是整道菜品的亮点。

注意事项

1. 煎鸭胸皮时要小火煎,锅中可不放油。
2. 节瓜刨片时薄厚要一致。

菜肴变化

扫码看视频

1. 搭配鸭胸的配菜、酱汁可多种多样,以清新解腻为主。
2. 鸭胸的制作方法多样化,可用低温烹调,也可用烟熏。

水产类菜肴制作

项目导论

水产类原料包括各种生活在水中的淡水鱼、海水鱼、虾蟹、贝壳类以及墨鱼、鱿鱼等软体动物类等。这类原料质地细腻、味道鲜美，适合多种烹调方法。不同的烹调方法，制作工艺不同，烹调出的风味各异。

1. 烤　用烤烹调水产类原料，一般的工艺流程：鱼或其他水产类原料类原料加工整理→用盐和胡椒粉等调味→鱼肉的两面和烤盘内刷上油→在175～200摄氏度的温度下烹调成熟。

在烹调中还要注意以下问题。

(1) 应当选用尺寸较大的、完整的、含脂肪多的鱼。

(2) 脂肪少的鱼以及贝壳类，要涂大量的油，也可以包裹网油或在刷油前沾上面粉，以保持嫩度。

(3) 烤至鱼刚熟即可，否则鱼肉会松散，影响鱼的外观。

2. 焗　焗的工艺流程：鱼或其他水产类原料加工整理→用盐、胡椒粉或其他调味品调味→刷上黄油或植物油→放于距焗炉上方热源约12厘米处→烹调成熟。

在烹调中还要注意以下问题。

(1) 焗适用于形状较小的鱼块、鱼扇和虾肉等。

(2) 烹调较大块的鱼时，应把鱼块放在刷有油的盘中，鱼皮面朝下，而且要翻面，这样才可以保持鱼的味道和增加美观。

3. 铁扒　铁扒的工艺流程：鱼或其他水产类原料加工整理→用盐和胡椒粉等调味品调味→两边刷上黄油或植物油→放在扒炉上→扒熟。

在烹调中还要注意以下问题。

(1) 适用于形状较小的鱼块、鱼扇等。

(2) 脂肪少的鱼最好沾上面粉再刷油，以保持鱼块的完整。扒比焗的方法速度慢，而且要特别注意鱼块的成熟度和保持鱼块的完整，避免鱼块破碎和干燥。

4. 煎　煎的工艺流程：鱼或其他水产类原料加工整理→调味→沾上面粉、鸡蛋液或面包糠，或者挂糊→用平底锅煎熟。

在烹调中还要注意以下问题。

(1) 煎制前，可将鱼肉沾上面粉、鸡蛋液或面包糠等，以保持形状完整以及避免和平锅发生粘连。

(2) 沾面粉前，先放入牛奶中浸一下可提高水产类原料的味道。

(3) 可以使用植物油，也可以使用混合的烹调油（黄油与植物油各半），但不要使用纯黄油，避免发生粘连。

5. 炸　炸的工艺流程：鱼或其他水产类原料加工整理→调味→挂鸡蛋糊或面包糠等→放入热油中炸熟。

在烹调中还要注意以下问题。

(1) 掌握炸锅中的油与食品的数量比例、烹调时间。

Note

(2) 控制油温,原料达到六七成熟时,逐步降低油温,使菜肴达到外焦里嫩的效果。

6. 水波(氽) 水波(氽)使用的水较少,温度比较低,一般保持在75～90摄氏度,适用这种方法的原料都是比较鲜嫩和形状比较小的,如鱼片和海鲜。水波(氽)通常有浓味水波和鱼原汤葡萄酒水波两种。

(1) 浓味水波的工艺流程:用水、醋、盐、洋葱、西芹、胡萝卜、胡椒、香叶、丁香和香菜等原料制作浓味原汤→将原汤煮开,使蔬菜和香料的味道完全溶解在汤中→将整理后的鱼放入煮锅里→待原汁煮沸后→离火,将温度降低至70～80摄氏度浸熟。

(2) 鱼原汤葡萄酒水波的工艺流程:用黄油将冬葱末煸炒入味→将鱼排列在平底锅里→用盐和胡椒粉调味→加上鱼原汤和白葡萄酒(原汤和白葡萄酒的比是2∶1,总高度一定要超过鱼肉的高度)→盖上盖子→煮开后用中火将鱼肉煮熟→将原汤沥出,放入另一锅里→再用大火煮原汤,大约蒸发1/4原汤→加入鱼少司和浓奶油煮开→用盐、胡椒粉和柠檬汁调味→制成白葡萄酒少司→将少司浇在鱼上。

7. 炖 炖的工艺流程:鱼或其他水产类原料加工整理→放在平锅中略煎→放入少量水或原汤→调味→盖上锅盖→通过汤汁和蒸汽的热传导和对流使菜肴成熟。

在烹调中还要注意:炖的加工温度比水波的温度略高,是85～95摄氏度,而放入的水或原汤很少。

项目目标

1. 掌握水产类原料不同烹调方法的工艺流程。
2. 掌握用不同烹调方法制作水产类菜肴。

任务一 烤类菜肴制作

水产类菜肴的烤制,可利用烤箱、蒸烤箱、焗炉等烹饪设备制作完成。一般将原料放入烤盘内,再放入加热设备中,利用热辐射的传热的方式将原料制作成熟。烤制时要根据原料的大小、厚薄、烤箱的温度等因素确定烤制的时间。

虾类在烤制前,要将虾线去掉,否则将会影响食材的口感。根据需要,也可将虾筋斩断,以免加热后虾筋收缩影响食材的观感。鱼类可以带鱼皮制作,完整的鱼皮可以美化菜肴,在烤制过程中还会变干变脆,增加菜肴的口感。贝壳类制作时,有些需要先炒、煮、蒸,将食材经过初步熟处理后再进行烤制,便于成熟。

水产类原料烤制前,一般先用调味料腌制。腌制时加入的调味品,具有增香味和除异味的作用。

子任务一 烤奶酪扇贝

 任务描述

本任务学习烤奶酪扇贝的制作(图4-4-1)。

图 4-4-1　烤奶酪扇贝

任务目标

1. 掌握烤箱的使用方法。
2. 掌握烤制水产类原料的技术。
3. 掌握扇贝腌制的方法。
4. 掌握扇贝初加工的方法。

任务实施

❶ **原料配方**　扇贝 1 只、胡萝卜 30 克、蒜 15 克、黄油 20 克、奶酪 25 克、欧芹 5 克、鲜柠檬汁 5 克、盐 2 克、白胡椒粉适量。

❷ **制作过程**

(1) 扇贝洗净，用刀沿着贝壳的一侧划开，去掉内脏后，洗净备用。

(2) 胡萝卜切丁，蒜切碎，奶酪刨碎，欧芹切碎。

(3) 带壳的扇贝用盐、鲜柠檬汁、白胡椒粉腌制 3 分钟。

(4) 将胡萝卜用黄油炒熟，加入蒜炒出香味，加入盐调味。

(5) 腌制好的扇贝上面放上炒好的胡萝卜和蒜，盖上奶酪碎，放在烤盘上，放入烤箱烤熟。

(6) 取出后撒上欧芹碎装饰即可。

任务评价

此菜肴色泽金黄，奶酪的奶香味包裹着扇贝肉的鲜香，肉质鲜嫩，富有弹性。

注意事项

1. 烤制时烤箱温度约为 200 摄氏度，烤至扇贝肉开始收缩变小，奶酪熔化时取出。
2. 胡萝卜炒制时一定要炒熟，炒软。
3. 也可用焗炉制作此菜肴。

子任务二　烤茴香鲈鱼

图 4-4-2　烤茴香鲈鱼

任务描述

本任务学习烤茴香鲈鱼的制作(图 4-4-2)。

任务目标

1. 掌握用烤箱烤鱼的方法。
2. 掌握烤制技术。
3. 掌握鲈鱼初加工的方法。

任务实施

❶ **原料配方**　鲈鱼 1 条、蒜 30 克、欧芹 6 克、盐 4 克、白胡椒粉 2 克、鲜柠檬汁 10 克、茴香利口酒 10 克、番茄酱 20 克、茴香 2 根、橄榄油 10 克。

❷ **制作过程**

(1) 洗净鲈鱼，去鳞、内脏、头，洗净备用。用刀沿着脊骨边缘片开，取鱼肉。

(2) 带皮的鱼肉放在砧板上，鱼皮向上，在鱼皮上切深 0.5 厘米的口。蒜、欧芹切碎。

(3) 锅烧热，放入橄榄油，放入蒜碎小火炒香，加入盐、白胡椒粉调味，盛出冷却后放入欧芹碎，加入番茄酱拌匀。

(4) 鱼肉用盐、白胡椒粉、鲜柠檬汁、茴香利口酒腌制 10 分钟。

(5) 将腌制好的鱼取出，鱼皮向上，放在锡纸上，上面淋上制好的番茄酱蒜酱，放入烤箱烤制成熟。

(6) 取出鲈鱼，放入盘中，淋上汁，用茴香点缀即可。

任务评价

鲈鱼色泽金黄，外酥里嫩，色香味俱全。

注意事项

烤制鲈鱼的温度约为 180 摄氏度，烤制时间为 25～30 分钟。

任务二 煎类菜肴制作

煎类菜肴可利用平底煎锅、平扒炉、高身煎锅等烹饪设备制作。原料可以先涂裹面粉、蛋液、面包糠等后煎制，也可以直接制作。注意控制油量，原料煎好后，可以用吸油纸吸取过多油脂。

现代西餐，在水产品的配菜和少司制作中，更多选用各种新鲜水果和蔬菜，不仅增加菜肴靓丽的色彩，同时降低主料油腻感，增加多种营养素以及膳食纤维。

子任务一 香煎带子配红菜头泥、火腿脆片、青柠皮

扫码看视频

图 4-4-3 香煎带子配红菜头泥、火腿脆片、青柠皮

任务描述

本任务学习香煎带子配红菜头泥、火腿脆片、青柠皮的制作(图 4-4-3)。

任务目标

1. 掌握现代法餐制作技术。
2. 掌握煎带子技法。
3. 掌握独立制作红菜头泥的方法。
4. 掌握装盘和装饰的方法。

任务实施

❶ **原料配方** 红菜头 500 克、糖 50 克、盐 5 克、胡椒 5 克、雪莉酒醋 20 克、水 750 毫升、带子 3 个、虾仁 2 个、青柠 1 个、帕尔玛火腿 1 个。

❷ 制作过程

(1) 红菜头去皮,切片备用。将红菜头、糖、盐、胡椒、雪莉酒醋及水同时放入锅中。煮沸后转小火,直至红菜头变软、水分煮干。用料理机打碎成泥,用滤网过滤成红菜头泥备用。

(2) 将带子、虾仁吸干水分,虾仁开背去虾线,加盐、胡椒调味。

(3) 平底锅烧热,少加一点油,放入带子、虾仁,煎至两面金黄。

(4) 将帕尔玛火腿放入烤盘上面压平,放上重物。烤箱 180 摄氏度烤 15 分钟。制成火腿脆片。

(5) 将红菜头泥放入盘底,依次放入带子、虾仁、火腿脆片。最后撒上青柠皮作装饰即可。

任务评价

红菜头泥酸甜,虾仁 Q 弹,带子软糯鲜甜,搭配火腿脆片,咸香酥脆,青柠皮使口感清新。装盘简单,色彩艳丽。口感搭配层次丰富,原料分量少,也可作热前菜。

注意事项

1. 红菜头一定要煮软后再打成丝滑的红菜头泥,如果期间水煮干了但红菜头未软,可继续加水煮至变软。

2. 煎带子时应把水分吸干,平底锅底要加热,这是能否上色又保持嫩度的关键。

3. 煎虾仁时则要低温煎,这是保证虾仁口感的关键。

菜肴变化

1. 香煎带子可以搭配多种不同配菜,如番茄酱、花菜泥等。

2. 红菜头泥亦可搭配鹅肝,或其他海鲜类产品。

子任务二　柠檬香煎银鳕鱼

任务描述

本任务学习柠檬香煎银鳕鱼的制作(图 4-4-4)。

图 4-4-4　柠檬香煎银鳕鱼

任务目标

1. 掌握腌制鱼类的方法。

2. 掌握煎制技术。

任务实施

❶ **原料配方**　银鳕鱼排 1 片、柠檬角 1 个、西生菜 20 克、西兰花 20 克、柠檬汁 15 克、盐 1 克、白胡椒粉 2 克、油醋汁 2 克、苦菊 10 克、橄榄油 20 克。

❷ 制作过程

(1) 银鳕鱼排用盐、白胡椒粉、柠檬汁腌制 15 分钟。

(2) 西生菜切成入口大小的块,西兰花切朵,苦菊洗净,分别沥干水分。

(3) 平底煎锅烧热,放入橄榄油,烧热后放入银鳕鱼排,煎至一面金黄后,再煎另一面。两面煎至金黄后盛出放入盘中。

(4) 西兰花焯熟,放入食用水中浸凉,捞出沥干水分后与苦菊、西生菜混合,淋上油醋汁,放入盘中。

(5) 用柠檬角装饰即可。

任务评价

此菜肴表面金黄,肉质筋道,营养丰富。

注意事项

银鳕鱼排最好自然解冻后再放入腌料腌制。

子任务三　法式煎鲷鱼

图 4-4-5　法式煎鲷鱼

任务描述

本任务学习法式煎鲷鱼的制作(图 4-4-5)。

任务目标

1. 掌握腌制鱼类的方法。
2. 掌握煎制技术。
3. 掌握制作奶油少司的方法。

任务实施

❶ 原料配方　鲷鱼 1 条、干毛葱 2 个、黄油 50 克、色拉油 100 克、白葡萄酒 100 克、白酒醋 50 克、淡奶油 50 克、面粉 20 克、盐 2 克、白胡椒粉 4 克、欧芹 4 克、混合生菜 100 克、油醋汁 15 克。

❷ 制作过程

(1) 鲷鱼洗净,去掉内脏、鱼鳞、鱼鳍等,沥干水分后用盐、白胡椒粉腌制 10 分钟。

(2) 干毛葱去皮、切碎,混合生菜切成入口大小的块。

(3) 平底煎锅中放入色拉油和部分黄油熔化,将鲷鱼两面沾上面粉后,放入锅中煎至两面金黄,取出放入盘中。

(4) 汤锅中放入剩余的黄油,加热至黄油熔化,放入干毛葱碎,炒出香味,放入白葡萄酒和白酒醋,烧至无酒味后,放入淡奶油,用盐和白胡椒粉调味,制成干葱头酱汁。

(5) 混合生菜用油醋汁拌匀备用。

(6) 将整条鲷鱼一分为二,放在两个盘中,鱼皮向上,旁边放上混合生菜,鱼皮上淋上干葱头酱汁,用欧芹点缀即可。

任务评价

鲷鱼表面金黄,鲜嫩不油腻。

注意事项

1. 鲷鱼的内脏一定要处理干净。
2. 黄油可用橄榄油或是色拉油代替。
3. 煎制鲷鱼时油温不宜过高,应采用小火慢煎的方法。

子任务四　煎带子配黑鱼籽酱和黑醋汁

任务描述

本任务学习煎带子配黑鱼籽酱和黑醋汁的制作(图 4-4-6)。

图 4-4-6　煎带子配黑鱼籽酱和黑醋汁

任务目标

1. 掌握贝类煎制技术。
2. 了解鱼籽酱的特色。
3. 掌握使用黑醋汁的方法。

任务实施

❶ **原料配方**　大带子 4 个、黑鱼籽酱 10 克、青菜苗 10 克、白兰地 5 克、橄榄油 5 克、白葡萄酒醋 2 克、黑醋汁 2 克,盐和白胡椒粉适量。

❷ **制作过程**

(1) 带子洗净后沥干水分,用盐腌制 5 分钟。

(2) 青菜苗洗净,将橄榄油和白葡萄酒醋混合均匀,制成油醋汁备用。

(3) 平底煎锅烧热,加入橄榄油,放入带子,烹入白兰地。将带子煎熟,用盐和白胡椒粉调味,取出备用。

(4) 将带子摆放在盘中,中间放上青菜苗,淋上油醋汁,淋上黑鱼籽酱。

(5) 盘边用黑醋汁点缀即可。

任务评价

带子鲜嫩柔软,配上鱼籽酱别有一番风味。

注意事项

1. 煎带子时间不宜过长,否则带子容易脱水,影响口感。
2. 油醋汁要混合均匀后再淋在青菜苗上。
3. 带子可用青虾、鲍鱼等代替。

子任务五　煎龙利鱼配柠檬蒜香汁、烤小番茄

图 4-4-7　煎龙利鱼配柠檬蒜香汁、烤小番茄

任务描述

本任务学习煎龙利鱼配柠檬蒜香汁、烤小番茄的制作(图 4-4-7)。

任务目标

1. 掌握鱼类挂糊技术。
2. 掌握挂糊鱼类的煎制技术。

3. 掌握制作柠檬蒜香汁的方法。

4. 掌握烤小番茄的方法。

任务实施

❶ **原料配方**　龙利鱼 300 克、小番茄 2 个、柠檬角 1 个、蒜 20 克、鸡蛋 1 个、干欧芹叶 1 片、欧芹 3 克、柠檬汁 2 克、黑橄榄 2 个、白兰地 5 克、橄榄油 10 克、面粉 15 克、油醋汁 3 克、面包糠 50 克,盐和白胡椒粉适量。

❷ **制作过程**

(1) 龙利鱼切块,用盐、白胡椒粉、白兰地腌制 10 分钟。

(2) 黑橄榄切片,鸡蛋打散,蒜、欧芹切碎。

(3) 小番茄从中间切开,加盐、胡椒粉,入烤箱烤制 20 分钟,取出后撒上干欧芹叶,摆入盘中。

(4) 平底煎锅烧热,放入橄榄油,将蒜碎放入锅中小火炒至蒜微微发黄即可取出放入碗中,晾凉后,加入柠檬汁、盐、白胡椒粉、欧芹碎混合均匀。

(5) 龙利鱼块裹上面粉,放入蛋液中裹匀,放入面包糠中裹匀后压实,在放入预热的平底煎锅中煎熟,煎熟后取出放入盘中。

(6) 煎好的龙利鱼块上淋上蒜香汁,用烤小番茄、柠檬角、黑橄榄装饰即可。

任务评价

龙利鱼外酥里嫩,配上小番茄清新爽口。

注意事项

1. 龙利鱼切块时,厚度最好为 1 厘米,否则不易成熟。

2. 烤制小番茄时烤箱的温度为 150 摄氏度。

3. 龙利鱼在裹面粉时要将多余的面粉去掉后,再放入蛋液中。

4. 煎制龙利鱼时应用中小火慢煎。

子任务六　香煎鳕鱼配味噌土豆泥、凤尾鱼天妇罗、凤尾鱼榛子酱

图 4-4-8　香煎鳕鱼配味噌土豆泥、凤尾鱼天妇罗、凤尾鱼榛子酱

任务描述

本任务学习香煎鳕鱼配味噌土豆泥、凤尾鱼天妇罗、凤尾鱼榛子酱的制作(图 4-4-8)。

任务目标

1. 掌握现代法餐制作技术。

2. 了解融合烹饪的特点。

3. 掌握独立制作土豆泥及其他配菜的方法。

4. 掌握煎鳕鱼技法。

5. 了解分子料理泡沫技法。

6. 掌握制作绿油的方法。

任务实施

❶ 原料配方　黄皮大土豆500克、牛奶50毫升、奶油50克、黄油100克、白味噌30克、榛子50克、凤尾鱼12克、白葡萄酒醋5毫升、青柠皮3克、天妇罗粉20克、海鲜汁300毫升、大豆卵磷脂2克、菠菜10克、荷兰芹50克、色拉油60毫升、鳕鱼1条，盐和胡椒粉适量。

❷ 制作过程

(1) 土豆洗净，入沸水中煮熟，去皮，将其碾压成土豆泥。将牛奶、奶油、黄油、白味噌煮至微沸，倒入刚碾压的土豆泥中，翻拌均匀后加盐和胡椒粉调味，再次加热，制成味噌土豆泥。

(2) 榛子烤香，冷却。加入凤尾鱼、白葡萄酒醋，用料理机打碎，加入青柠皮碎制成凤尾鱼榛子酱备用。

(3) 天妇罗粉按比例调匀成面糊，凤尾鱼放入面糊。油温180摄氏度炸至酥脆，制成凤尾鱼天妇罗。

(4) 海鲜汁烧开(具体做法见油浸罗非鱼配海鲜汁烩饭)，降温至55摄氏度，加大豆卵磷脂，用手持搅拌棒打出泡沫，制成海鲜汁泡沫备用。

(5) 菠菜叶，荷兰芹，加60毫升的色拉油用料理机打碎，放入平底锅中，烧至120摄氏度，冷却浸泡一晚后用咖啡滤纸过滤成绿油。

(6) 鳕鱼吸水，加盐、胡椒粉调味。平底锅烧热，鱼皮朝下煎至香脆，其余三面煎至金黄，放入烤箱中，200摄氏度，烤6～8分钟。

(7) 用土豆泥垫底，放入煎好的鳕鱼，依次放入凤尾鱼榛子酱、凤尾鱼天妇罗、海鲜汁泡沫，绿油，装盘即成。

任务评价

本菜是一道融合式菜肴，将日本料理的特色大胆融入西餐的制作中，为菜肴创新提供了新思路。香煎鳕鱼与味噌土豆泥口感相辅相成，加上凤尾鱼天妇罗和凤尾鱼榛子酱的搭配使不同的鲜味相结合，海鲜汁泡沫使鲜味倍增，达到口感的层次多样化。

注意事项

1. 土豆要在最热的时候碾压成泥，否则容易上劲。
2. 煎鱼时将水分吸干，鱼皮才能煎脆。
3. 烧绿油时锅内温度不可过高。
4. 使用手持搅拌棒打泡沫时应倾斜45度，这样泡沫更容易打出。

菜肴变化

1. 鳕鱼做法多种多样，既可以使用煎的技法，也可使用清蒸，或低温料理。
2. 绿油可应用在不同的菜肴上，以达到增色增香的目的。
3. 土豆泥的口味可多种多样，不同的口味可搭配不同的海鲜肉类。

任务三　炸类菜肴烹调

炸类菜肴一般使用炸炉完成，也可以在深锅内加入大量油脂进行炸制。炸制的温度，根据菜肴

的成菜要求选择。现代西餐更加追求健康，在使用炸的方法时，多采取低温制作，这种炸法，也被称为“油浸”。同时搭配较多的新鲜水果和蔬菜，以增加菜肴维生素和膳食纤维的含量，并降低油腻感。

扫码看视频

用于炸的原料可以先涂裹面粉、蛋液、面包糠等后制作，也可以直接制作。

炸好的原料，也可用吸油纸吸去多余油脂，防止口感过于油腻。

子任务一　油浸罗非鱼配海鲜汁烩饭、芒果酱

图 4-4-9　油浸罗非鱼配海鲜汁烩饭、芒果酱

任务描述

本任务学习油浸罗非鱼配海鲜汁烩饭、芒果酱的制作(图 4-4-9)。

任务目标

1. 了解现代法餐制作技术。
2. 了解现代西餐装盘技术。
3. 掌握油浸工艺。
4. 掌握独立制作意大利烩饭技法。
5. 掌握芒果酱制作的方法。

任务实施

❶ 原料配方　虾壳虾头 500 克、洋葱 150 克、茴香头 50 克、百里香 2 个、香叶 2 个、番茄膏 10 克、黑胡椒粒 8 克、面粉 50 克、水 2000 毫升、白葡萄酒 50 毫升、茴香酒 50 毫升、大蒜 20 克、意大利米 100 克、帕玛森芝士碎 30 克、黄油 20 克、奶油 30 毫升、莳萝 1 个、橙子 1 个、柠檬 1 个、精炼油 300 毫升、芒果果蓉 200 克、糖 25 克、罗非鱼 200 克，盐和胡椒粉适量。

❷ 制作过程

(1) 部分洋葱切丝，茴香头切丝。锅烧热，放入油，加入虾壳虾头炒香，放入洋葱丝、茴香头丝炒香后加入番茄膏，炒至番茄膏无酸味后，放入面粉继续翻炒至无生面粉味后加入白葡萄酒和茴香酒，烧出酒味后加入 1 片香叶、2 个百里香、4 克黑胡椒粒和 1600 毫升的水。待汤汁烧开后小火煮半小时，过滤成海鲜汁备用。

(2) 其余洋葱切碎，大蒜切碎。锅烧热，下洋葱碎，大蒜碎炒香，放入意大利米炒至意大利米半透明后加入白葡萄酒，全部炒干后分三次加入 400 毫升的水，直至米粒变软后加入海鲜汁、奶油、帕玛森芝士碎、黄油及盐、黑胡椒粒加热调味成海鲜汁烩饭备用。

(3) 罗非鱼洗干水分，用盐、胡椒粉调味备用。柠檬、橙子切片，莳萝洗净备用。把 1 片香叶、4 克黑胡椒粒、橙子片、柠檬片、莳萝一起放入精炼油中加热至 200 摄氏度，离火待油温降至 160 摄氏度时放入调味的罗非鱼炸 5～8 分钟，捞出备用。

(4) 芒果果蓉加白砂糖浓缩成芒果酱。

(5) 将海鲜汁烩饭放入长方形模具中，上方加入油浸的罗非鱼。用芒果酱、柠檬角做装饰。

任务评价

油浸罗非鱼口感柔嫩多汁与海鲜汁烩饭的结合相得益彰，搭配酸甜的芒果酱，形成了绝佳的搭配。

注意事项

1. 番茄膏要炒熟炒透。
2. 炒意大利米要炒至半透明。
3. 油浸罗非鱼时一定要注意油温，温度不可过高。

菜肴变化

1. 意大利烩饭味道多种多样，即可作主菜，又可作配菜，口味变化丰富多样。
2. 低温油浸的烹调手法也适用于其他类型的海鲜制作。

子任务二　炸鱿鱼圈

任务描述

炸鱿鱼圈是一道美味的菜肴。主要原料有鱿鱼、油、盐、料酒、白胡椒粉、鸡蛋、淀粉、脆炸粉等(图 4-4-10)。

图 4-4-10　炸鱿鱼圈

任务目标

1. 掌握炸制技法。
2. 掌握脆炸粉的使用方法。

任务实施

❶ **原料配方**　鱿鱼 1 只、柠檬汁 10 克、鲜罗勒叶 4 片、脆炸粉 100 克，色拉油、盐和胡椒粉适量。

❷ **制作过程**

(1) 鱿鱼去头、内脏、骨、皮洗净，用盐、白胡椒粉腌制 10 分钟备用。

(2) 脆炸粉用水调和至浆糊状，鲜罗勒叶洗净、沥干水分，鱿鱼切圈备用。

(3) 炸锅加热，加入色拉油，待油温至 200 摄氏度时，放入裹好脆炸粉的鱿鱼圈。炸好后捞出控油备用，鲜罗勒叶炸酥备用。

(4) 将控净油的鱿鱼圈摆在盘中。淋上柠檬汁，点缀上炸罗勒叶即可。

任务评价

炸鱿鱼圈口感酥脆。

注意事项

1. 可选用身长为 25～30 厘米的鱿鱼，太大则肉质老，太小则肉质厚度不够。
2. 炸制时尽量将鱿鱼圈展开放入油中，方便定型。
3. 脆皮糊的浓度不宜太干或太稀，太稀则不宜挂上鱿鱼，太干则挂的糊太厚，影响口感。
4. 炸制时间约为 50 秒。

子任务三　炸鱼条配塔塔酱

图 4-4-11　炸鱼条配塔塔酱

任务描述

本任务学习炸鱼条配塔塔酱的制作(图 4-4-11)。

任务目标

1. 掌握炸制技巧。
2. 掌握做塔塔酱的方法。

任务实施

❶ **原料配方**　鲷鱼 150 克、脆炸粉 100 克、鸡蛋 1 个、熟鸡蛋 10 克、欧芹 2 克、蒜 5 克、芝士粉 3 克、洋葱 5 克,白葡萄酒、白胡椒粉和盐适量。

❷ **制作过程**

(1) 鲷鱼去皮,去骨,清洗后切成条状,用盐、白胡椒粉、白葡萄酒腌制 10 分钟。

(2) 熟鸡蛋、欧芹、蒜、洋葱切碎,与沙拉酱混合,加入盐、白胡椒粉、芝士粉调制成塔塔酱。

(3) 脆炸粉加入鸡蛋和适量的盐混合均匀成脆炸糊。

(4) 鱼条吸干水分,裹上脆炸糊,放入油炸锅中进行油炸。

(5) 炸制成熟且呈金黄色时即可捞出,装盘搭配塔塔酱食用即可。

任务评价

鱼条香脆,塔塔酱配以鱼条清甜解腻。

注意事项

1. 鱼条宽和厚约 1 厘米,长约 6 厘米。
2. 炸制鱼条的油温约为 180 摄氏度。
3. 鱼条可用厨房用纸吸干水分。
4. 塔塔酱的所有食材混合均匀即可食用。

任务四　扒类菜肴制作(扒三文鱼配芦笋)

扒类菜肴,使用具有条的铁板/铁条炉或者在铁板上进行,制作时温度比较高,成熟快,菜肴具有外焦脆内软嫩的特点。下面以扒三文鱼配芦笋为例。

任务描述

本任务学习扒三文鱼配芦笋的制作(图 4-4-12)。

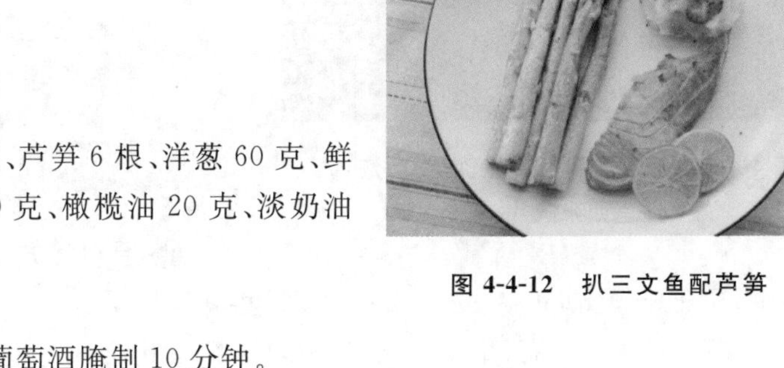

图 4-4-12　扒三文鱼配芦笋

任务目标

1. 掌握扒制鱼类的方法。
2. 掌握制作芦笋配菜的方法。

任务实施

❶ **原料配方**　三文鱼块 200 克、芦笋 6 根、洋葱 60 克、鲜百里香 5 克、柠檬 1 片、白葡萄酒 30 克、橄榄油 20 克、淡奶油 30 克，白胡椒粉和盐适量。

❷ **制作过程**

(1) 三文鱼用盐、白胡椒粉、白葡萄酒腌制 10 分钟。

(2) 芦笋洗净、去皮，洋葱切碎，鲜百里香洗净、切碎。

(3) 平扒炉上刷橄榄油烧热，放入三文鱼扒至两面金黄备用。

(4) 芦笋放入煎锅中煎熟，或放在沸水中煮熟。

(5) 汤加热后加入橄榄油，放入洋葱碎炒香，加入百里香碎，加入白葡萄酒烧至酒精挥发，放入盐、白胡椒粉、淡奶油加热浓缩入味成奶油少司。

(6) 芦笋摆放在盘中，三文鱼放在芦笋上，再淋上奶油少司，用柠檬片点缀即可。

任务评价

三文鱼肉质鲜嫩，配上脆嫩的芦笋，口感丰富。

注意事项

1. 在扒制时，需要一面定型后再翻面扒制另一面，否则容易破碎。
2. 橄榄油可用色拉油代替。
3. 可以搭配其他配菜。

任务五　煮、烩、炖、煨类菜肴制作

煮、烩、炖、煨类菜肴的烹调方法可用汤锅、高身汤锅、烤箱等烹饪设备制作完成。

使用煮、烩、炖、煨等方法制作水产类原料时，原料通常会先初步加工，注意食材不宜过度加热，否则会影响烩制后的口感。煎制淡海水鱼类时，大火煎至表面定型、色泽金黄即可。

煮、烩、炖、煨类烹调方法，相对煎炸等烹调方法来说，温度比较低，在保持色泽、口感、营养素等方面，独具特色，是现代西餐比较青睐的方法。

子任务一　低温龙虾配芹根泥、海鲜泡沫、墨鱼西米脆片

任务描述

本任务学习低温龙虾配芹根泥、海鲜泡沫、墨鱼西米脆片的制作(图 4-4-13)。

图 4-4-13　低温龙虾配芹根泥、海鲜泡沫、墨鱼西米脆片

任务目标

1. 了解现代西餐制作特点。
2. 掌握现代西餐搭配技术。
3. 掌握独立制作芹根泥及其配菜的方法。
4. 掌握低温煎龙虾的制作要领。

任务实施

❶ 原料配方　龙虾 1 个、芹根 500 克、牛奶 500 毫升、奶油 80 毫升、黄油 50 克、柠檬叶 2 个、百里香 1 个、香茅 2 个、海鲜汁 300 毫升、大豆卵磷脂 2 克、小西米 50 克、墨鱼汁 5 克、甜豆 5 克,盐和胡椒粉适量。

❷ 制作过程

(1) 芹根去皮,切片备用。加入牛奶、柠檬叶煮软后挑出柠檬叶过滤。将过滤后的芹根加入奶油、黄油、盐、胡椒粉适量,用料理机打成细腻的泥,过滤成芹根泥备用。

(2) 两个香茅洗净,切碎。锅烧热,放入香茅炒香后加入海鲜汁烧开,过滤降温至 55 摄氏度加入大豆卵磷脂,用手持搅拌棒打出泡沫,制成香茅海鲜泡沫备用。

(3) 小西米加入足量的水,不断搅拌,水沸五分钟后关火,盖盖子焖 10～20 分钟,直至小西米完全变透明。滤出小西米,冲水至无黏液。滤干水分,加入墨鱼汁搅拌均匀。平铺在耐高温不粘硅胶垫上,使其风干。油温 200 摄氏度时下锅炸,使其膨化成墨鱼汁西米脆片。

(4) 甜豆放入黄油水中氽汤,并加盐、胡椒粉调味备用。

(5) 龙虾去头,去虾线。水开后关火,放龙虾,4.5 分钟后捞出浸冰水,待完全冷却后去虾壳。真空袋中放入黄油、百里香和龙虾,抽真空后放入低温慢煮机。设定为 85 摄氏度、10 分钟。

(6) 盘底依次放入芹根泥、龙虾、甜豆、香茅海鲜泡沫、墨鱼西米脆片装盘即成。

任务评价

此菜品色彩丰富,龙虾的鲜甜、芹根泥的清新与西米脆片的香脆形成口感上的碰撞。

注意事项

1. 煮小西米时要边煮边搅,避免粘锅。
2. 制作芹根泥时要把牛奶沥干,防止芹根泥过稀。

菜肴变化

1. 龙虾既可以作前菜又可以作主菜,是不可多得的高档食材。
2. 芹根泥可应用于大多数海鲜类菜肴。
3. 墨鱼西米脆片可用于餐前小吃或鸡尾酒会的餐点。

子任务二　奶油蘑菇烩三文鱼

任务描述

本任务学习奶油蘑菇烩三文鱼的制作(图 4-4-14)。

任务目标

1. 掌握烩类菜肴制作方法。
2. 掌握正确调味的方法。

任务实施

图 4-4-14　奶油蘑菇烩三文鱼

❶ 原料配方　去皮三文鱼 250 克、蘑菇 150 克、淡奶油 50 克、鱼基础汤 250 克、牛奶 50 克、盐 2 克，胡椒粉、淀粉、色拉油均适量。

❷ 制作过程

(1) 三文鱼洗净，切块，用盐、胡椒粉腌制 10 分钟。

(2) 蘑菇洗净切角。

(3) 平底煎锅加热，放入色拉油，放入裹好淀粉的三文鱼块煎至定型，取出备用。

(4) 平底煎锅放入色拉油，放入蘑菇炒出香味后，加鱼基础汤、牛奶，用盐、胡椒粉调味，放入煎好的三文鱼块一同烩制。

(5) 待汤汁浓稠时，加入淡奶油调味即可。

任务评价

此菜肴奶香十足，肉质柔软。

注意事项

1. 三文鱼块的厚度约为 1.5 厘米。
2. 煎制时要用小火慢煎，烩制时用大火烧开，中小火慢烩。

子任务三　白葡萄酒炖三文鱼和蘑菇

图 4-4-15　白葡萄酒炖三文鱼和蘑菇

任务描述

本任务学习白葡萄酒炖三文鱼和蘑菇的制作(图 4-4-15)。

任务目标

1. 掌握炖的技术技巧。
2. 熟悉菜肴制作工艺。

任务实施

❶ 原料配方　三文鱼 300 克、白葡萄酒 150 克、蘑菇 100 克、洋葱 50 克、胡萝卜 25 克、西芹 25 克、橄榄油 100 克、淡奶油 30 克、罗勒叶 5 克、盐 2 克，白胡椒粉和高汤适量。

❷ 制作过程

(1) 三文鱼洗净，去皮，切成小块，用盐、白胡椒粉腌制 10 分钟。

(2) 蘑菇切角，洋葱切丝，胡萝卜、西芹切片。

(3) 平底煎锅烧热，加入橄榄油，将裹好淀粉的三文鱼放入锅中煎至金黄，取出备用。

(4) 高身汤锅中加入橄榄油，放入洋葱丝炒香，烹入白葡萄酒，烧至无酒味，加入胡萝卜、西芹，与高汤一同炖制。将洋葱、胡萝卜、西芹等蔬菜香料去掉，汤汁过滤备用。

(5) 高身汤锅加热放入橄榄油，放入蘑菇炒香，放入过滤的高汤，放入煎好的三文鱼、罗勒叶，大火烧开，中火炖制。

(6) 制好前加入淡奶油、盐、胡椒粉调味，装盘即可。

任务评价

鱼肉保形不散，味道香浓。

注意事项

鱼类先炸定型，炖制时间不宜太长。

子任务四　牛肝菌煨三文鱼块

图 4-4-16　牛肝菌煨三文鱼块

任务描述

本任务学习牛肝菌煨三文鱼块的制作(图 4-4-16)。

任务目标

1. 掌握煨制菜肴技术。
2. 掌握控制火候的技巧。

任务实施

❶ 原料配方　三文鱼 250 克、洋葱 40 克、胡萝卜 20 克、西芹 20 克、牛肝菌 4 个、蒜 20 克、鱼基础汤 300 克、番茄 50 克、番茄酱 50 克、白葡萄酒 50 克、香料束 1 个，淀粉、色拉油、盐和白胡椒粉均适量。

❷ 制作过程

(1) 三文鱼洗净去皮后，切成大块，用盐、白胡椒粉腌制 5 分钟。

(2) 洋葱、胡萝卜、西芹切成 0.5 厘米大小的丁，番茄切碎，蒜切碎，牛肝菌切块。

(3) 三文鱼裹匀淀粉，放入煎炸锅，炸至表面酥脆，盛出备用。

(4) 高身煎锅烧热，放入色拉油，加入洋葱、胡萝卜、西芹略炒后加入番茄和番茄酱炒匀，加入牛肝菌炒软，再加入白葡萄酒，烧至无酒味，倒入鱼基础汤。

(5) 汤沸腾后撇去浮沫，加入香料束、蒜、盐、白胡椒粉，放入炸好的三文鱼块，盖上锅盖，放入烤箱煨制入味。

(6) 将煨好的牛肝菌和三文鱼块放入盘中，汤汁浓缩后过滤，淋在三文鱼块上即可。

任务评价

此菜肴味道鲜美，牛肝菌搭配三文鱼在口感和味道上都非常和谐。

注意事项

1. 香料束由百里香、欧芹茎、香叶、韭葱构成。
2. 烤箱煨制时温度为180～200摄氏度。

任务六　蒸类菜肴制作

子任务一　蒸银鳕鱼配芒果酱

任务描述

本任务学习蒸银鳕鱼配芒果酱的制作(图4-4-17)。

图4-4-17　蒸银鳕鱼配芒果酱

任务目标

1. 掌握蒸制菜肴技术。
2. 掌握制作芒果酱的方法。

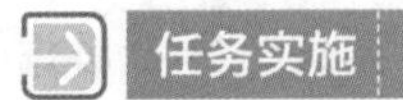

任务实施

❶ **原料配方**　银鳕鱼200克、青豆苗50克、芦笋50克、芒果100克、黄油20克、青豆苗10克、盐2克，白胡椒粉、橄榄油和油醋汁均适量。

❷ **制作过程**

(1) 银鳕鱼去鳞，切块，加入盐、白胡椒粉腌制10分钟。

(2) 芒果切成小丁，青豆苗洗净，控干水分备用。

(3) 蒸烤箱预热，烤盘上放上烤盘纸，再将银鳕鱼放在烤盘纸上，放入蒸烤箱，用蒸汽模式蒸10分钟，取出备用。

(4) 将芦笋汆水后沥干水分，平底煎锅加热，放入橄榄油，放入芦笋略煎，摆在盘中。

(5) 平底煎锅烧热，放入黄油，加入芒果丁，加水熬煮。熬煮后用打碎机打碎并过滤，用盐调味。

(6) 将蒸好的银鳕鱼放在芦笋上，淋上油醋汁，盘中淋上芒果酱即可。

(7)用青豆苗点缀。

任务评价

芒果的清香配鳕鱼的醇香，相得益彰。蒸制最大程度保留了原料中的汁水。

注意事项

1. 银鳕鱼最好选用鱼脊背部位。

2. 炒制芦笋时间不宜过久。
3. 熬煮芒果酱时应用小火。

子任务二　蒸石斑鱼配羊肚菌

图 4-4-18　蒸石斑鱼配羊肚菌

任务描述

本任务学习蒸石斑鱼配羊肚菌的制作(图 4-4-18)。

任务目标

1. 掌握用蒸法制作水产品。
2. 了解中西合璧菜肴的制作特色。

任务实施

❶ **原料配方**　石斑鱼 150 克、羊肚菌 50 克、芦笋 2 根、青豆 15 克、洋葱 30 克、盐 2 克、白胡椒粉 1 克、欧芹 3 克、黄油 20 克、鱼高汤适量。

❷ **制作过程**

(1) 石斑鱼的鱼皮上划 3～4 刀的浅刀口,加入盐、白胡椒粉调味。

(2) 芦笋留取尖部,尾部去皮备用。洋葱、欧芹切碎。

(3) 将石斑鱼放入铺好烤盘纸的烤盘中,放入预热好的蒸烤箱中,用蒸汽模式蒸 8 分钟,取出备用。

(4) 将芦笋尖、青豆、羊肚菌汆水,再将其分别用黄油和盐炒熟备用。

(5) 平底煎锅烧热,放入黄油,加入洋葱碎炒香,放入欧芹、芦笋尾,加入鱼高汤熬煮。熬煮后用打碎机打碎并过滤,用盐和白胡椒粉调味,制成酱汁。

(6) 将蒸好的石斑鱼放在盘中,用芦笋尖、羊肚菌、青豆装饰,旁边淋上酱汁即可。

任务评价

石斑鱼肥嫩的肉质细致润滑,浓香的汁液包裹在周围。

注意事项

1. 鱼皮上划上浅刀口的目的是便于入味。
2. 蒸烤箱预热时使用蒸制模式,温度 80 摄氏度即可。
3. 为防止串味,羊肚菌、芦笋和青豆最好分开制作。
4. 酱汁中可加入黄油增加亮度。

项目五

亚洲菜肴制作

项目导论

中国美食与日本料理、印度菜、泰国菜、韩国菜、马来西亚菜、越南菜等共同组成了丰富多彩的亚洲菜。随着经济的发展，亚洲菜在世界餐饮中也有了很重要的影响力。

亚洲美食包括中亚、东亚、南亚、东南亚和西亚几个主要的区域美食。

1. 中亚美食　大多数中亚国家和邻国都具有相似的美食，抓饭最为常见，喜欢食用牛肉、马肉和羊肉，经常喝一种叫“kumiss”的饮料。中亚也被认为是酸奶的发源地。

2. 东亚美食　东亚美食包括中国、日本、韩国、蒙古等美食。主食包括大米、面条、绿豆、大豆。常食用海鲜(日本人均海鲜消费量最高)、羊肉(蒙古)、猪肉、泡菜(韩国)，喜欢喝茶。

3. 南亚美食　南亚美食来自印度次大陆。多以各种类型的辣椒、黑胡椒、丁香和其他浓烈的香草和香料调味，并且常以黄油和酥油调味。姜黄和孜然常被用来做咖喱。常食的肉类包括羊肉、鱼肉和鸡肉。牛肉不如西方美食常见，因为牛在印度教中有特殊的地位。

4. 东南亚美食　东南亚美食特别强调带有强烈芳香成分的淡味菜肴，具有柑橘和诸如香菜和罗勒之类的风味。这里的食材用鱼露代替酱油，并加入高良姜、罗望子和柠檬草等食材。烹饪方法有油炸、煮沸和蒸煮。

5. 西亚美食　该地区的美食多种多样，同时具有一定程度的同质性。常用橄榄和橄榄油、皮塔饼、蜂蜜、芝麻籽、枣、漆树果、鹰嘴豆、薄荷和欧芹制作菜肴。多食用小麦、大麦、大米和玉米；面包是通用主食，常用黄油进行烹调。喜欢的肉类有羊肉，烹调方法主要是烤。常食用的蔬菜为白菜、菠菜、甜菜、洋葱、胡萝卜和大蒜。

项目目标

掌握亚洲不同国家菜肴制作技术。

任务一　日本菜肴制作

任务描述

日本料理指的是日本菜的烹调技术和菜肴制作。“料”就是把材料搭配好，“理”就是指盛东西的器皿。日本料理，在制作上要求原料新鲜，切割讲究，注重摆放艺术，注重色、香、味、器四者的统一，不仅重视味觉，更重视视觉享受。要求色泽自然、口味鲜美、形式多样、器具精美。

日本料理和日本文化一样，深受外来饮食的影响，中国饮食文化对日本料理影响最大。日本料

理在发展的过程中，逐渐形成了不同的风格，其中主要有怀石料理、卓袱料理、茶会料理和本膳料理四类。通常为两大地方菜系，即关东料理和关西料理。

日本人把日本菜的特色归结为“五味，五色，五法”。五味是春苦、夏酸、秋滋、冬甜、别具一格的涩味。五色是绿春、朱夏、白秋、玄冬，还有黄色。五法是指蒸、烧、煮、炸、生。

任务目标

1. 掌握制作日本寿司卷的方法。
2. 掌握制作天妇罗粉炸大虾的方法。
3. 掌握制作刺身的方法。
4. 熟悉日本菜肴特色。

任务实施

❶ 原料配方

（1）日本寿司卷原料配方：海苔 10 片、黄瓜 500 克、烤熟鳗鱼 250 克、热蟹柳 100 克、牛油果 80 克、三文鱼 500 克、寿司米饭 500 克、白糖 30 克、白醋 30 克、味淋 10 克、清酒 10 克，柠檬汁、芝麻适量。

（2）天妇罗粉炸大虾原料配方：大虾 120 克、天妇罗粉 250 克、红薯 50 克、南瓜 50 克、植物油 1000 克、鸡蛋 50 克、白萝卜 30 克、生姜 5 克、酱油 50 克、鱼露 25 克、白糖 50 克、西兰花 50 克。

（3）刺身拼盘原料配方：三文鱼 150 克、鲷鱼 150 克、柠檬 1 个、白萝卜 100 克、甜姜片 50 克、青芥末 50 克、日本酱油 50 克。

❷ 制作过程

（1）日本寿司卷（图 4-5-1）：①将白醋、白糖、柠檬汁、味淋和清酒调和成甜酸醋汁。②将米饭煮熟后与调好的醋拌均匀，牛油果切开，切小条。三文鱼、鳗鱼、蟹柳切条。③寿司竹席上放海苔，放米饭压均匀，放上三文鱼条（或牛油果条、蟹柳条），卷内卷。④寿司竹席上放海苔，放米饭压均匀撒芝麻后翻面，分别放烤鳗鱼条、黄瓜丝、牛油果条，卷外卷（或者放大虾、生菜、葱花、黄瓜丝，卷外卷）。⑤盘头放芥末、甜姜片、生菜装饰。寿司卷依次摆放即可。

（2）天妇罗粉炸大虾（图 4-5-2）：①大虾去头去壳，去虾线，两边开刀，捏长备用。②红薯、南瓜切片。西兰花两朵备用。白萝卜打泥。③天妇罗粉加鸡蛋、加水调和，剩下一半的粉备用。④虾、南瓜、红薯、西兰花随干粉后，再蘸上调和的浆。⑤色拉油烧至七成热时，放入虾、南瓜、红薯、西兰花炸熟装盘即可，配日本酱油加白萝卜泥做的味碟。

图 4-5-1　日本寿司卷

图 4-5-2　天妇罗粉炸大虾

（3）刺身拼盘（图 4-5-3）：①把两种鱼肉分别切割好摆盘。②把青芥末、日式酱油混合调好味备用。③白萝卜切丝冲水备用。④盘内放打碎的冰，再放上白萝卜丝，最后放上分割好的各种鱼肉即可，配上青芥末、甜姜片即可。

任务评价

图 4-5-3　刺身拼盘

1. 制作好的日本寿司卷米饭软硬适度，里面的原料紧密适度，以不散、不爆为佳。

2. 天妇罗粉炸大虾味道鲜香，酥脆可口，色泽微黄、外酥内嫩。

3. 刺身拼盘层次分明，色泽自然，悦目清新，犹如艺术品。

注意事项

1. 日本寿司卷：掌握内卷米饭的量是包好寿司卷的前提，卷时用保鲜膜包裹，避免粘上米饭粒；寿司醋汁要提前三天制作好。

2. 天妇罗粉炸大虾：天妇罗，是一种特别的油炸食物，要求油十分干净。吃的时候配以天妇罗汁和萝卜泥；加工大虾的手法，是菜肴成功的关键步骤，要将调好的浆拉入油中，这样成型有蓬松感。

3. 刺身拼盘：鱼类新鲜度要高，防止寄生虫；用科学的方式储存刺身原料，符合卫生要求。

任务二　印度菜肴制作

任务描述

由于印度是多民族国家，地大物博，物产丰富，信仰众多，主流教派都主张素食，所以印度素食者居多，素食文化是印度饮食文化中最基本的特色之一。

在饮食结构上，印度北方盛产小麦，主食一般以面食为主；南方盛产稻谷，主食一般以大米为主。印度菜制作简单，但在调味上非常多变，善于使用香料和香草，如咖喱、干辣椒、胡椒等，味道辛辣而微甜，油重味浓，口感刺激，这是印度菜的主要特色之一。

印度菜在烹调上，一般用煮、烩、焖、烤、炖等方法。印度人不喜欢生食食物，一般要将食物炖到口感软烂成糊。

印度名菜有手抓饭、飞饼、玉米饼、烤鸡、咖喱海鲜、烤羊肉串、烩素菜、烤鱼等。

任务目标

1. 掌握制作印度咖喱羊肉的方法。
2. 掌握制作印度飞饼的方法。
3. 掌握制作印度香料米饭的方法。
4. 熟悉印度饮食特色。

任务实施

❶ 原料配方

(1) 印度咖喱羊肉原料配方：羊后腿肉 2000 克、红椒粉 30 克、洋葱 300 克、姜蓉 50 克、蒜蓉 50

克、豆蔻10克、肉桂5条、黑椒碎5克、姜黄粉30克、羊肉汤2000毫升、咖喱粉30克、油100克、咖喱酱20克、干辣椒100克、小茴香籽50克、青柠檬汁50毫升、香叶10片、丁香4个、香菜籽50克、孜然10克、番茄2个、番茄酱50克、酸奶油200毫升、土豆2个、香菜200克、盐适量。

（2）印度飞饼原料配方：面粉500克、水250克、白糖50克、吉士粉4克、炼乳40克、小葱花20克、黄油20克、椒盐适量。

（3）印度香料米饭原料配方：印度香米1000克、鸡肉500克、酸奶油300毫升、蒜蓉20克、番茄酱40克、姜蓉20克、藏红花1克、丁香4个、黑椒碎20克、鸡基础汤2000毫升、洋葱碎200克、番茄碎100克、香菜20克、柠檬汁30克、马萨拉咖啡香料30克、红椒粉20克、小豆蔻2克、肉桂1支、孜然粉2克、盐和姜黄粉适量。

❷ 制作过程

（1）印度咖喱羊肉（图4-5-4）：①羊后腿肉洗净切块，加盐腌制，番茄去皮切块，土豆去皮切块炸熟，干辣椒洗净切段。②羊肉用油煎上色，取出备用。③锅中加油烧热，放入干辣椒、洋葱、姜蓉、蒜蓉炒香，加红椒粉、小茴香籽、青柠檬汁、香叶、小豆蔻、肉桂、黑椒碎、姜黄粉、香菜籽、咖喱酱和咖喱粉等香料炒匀。④倒入羊肉汤煮沸，放入羊肉、孜然、丁香、番茄、番茄酱，小火煮至入味。⑤入味后，加酸奶油、土豆块煮，加香菜即成。

（2）印度飞饼（图4-5-5）：①将水、白糖、吉士粉、炼乳称好后放在一起搅拌至白糖溶化。②将称好的面粉倒入盆中，用混合后的水和成冷水面团。③和好的面团反复揉匀后按每个400克下剂，用保鲜膜包好饧约2小时。④将剂子取出，表面抹点油用手掌压平成饼状，在空中按顺时针方向抛转，逐渐使面慢慢变薄变大。抛转到薄而透时，裁去边，放入小葱花，撒上椒盐，叠成长方形待用。⑤电扒炉加热至180摄氏度，放入黄油，黄油熔化后放入叠好的飞饼，煎至两面金黄色出炉，切开装盘即可。

图4-5-4 印度咖喱羊肉

图4-5-5 印度飞饼

（3）印度香料米饭（图4-5-6）：①将鸡肉切块，煎上色备用。香米洗净，浸泡30分钟，沥水。②锅中加油烧热，放入洋葱碎炒香，加马萨拉咖喱香料、红椒粉、丁香、姜蓉、蒜蓉、姜黄粉、孜然粉、番茄酱、番茄碎炒匀。③锅中放入香米，加鸡汤、柠檬汁、酸奶油、藏红花、肉桂、小豆蔻，焖煮至米饭八成熟。④把煎好的鸡肉块和米饭拌匀，加盖焖煮至米饭全熟，撒上香菜即成。

图4-5-6 印度香料米饭

任务评价

1. 印度咖喱羊肉中羊肉细嫩、鲜美，咖喱香浓醇正。

2. 印度飞饼外层浅黄松脆，内层绵软白皙，略带甜味，嚼起来层次丰富，一软一脆，口感对比强烈。由于是现场制作，具有很强的表演性。

3. 印度香料米饭中大米颗粒分明，风味突出，味道浓郁。

注意事项

1. 印度咖喱羊肉选用优质的山羊肉，也可以用鸡肉代替羊肉，酸奶油是菜肴中提高菜肴风味的关键。

2. 严格掌握和面时水的用量，反复揉搓，面团不可过软或者硬。抛时手一正一反，一上一下，裁去边。飞饼折叠时，还可以加上香蕉、菠萝、哈密瓜、苹果、猕猴桃等水果薄片，改变其口味。

3. 印度香料米饭制作的关键是控制米饭的成熟火候。

任务三　泰国菜肴制作

任务描述

泰国菜用料主要以海鲜、水果、蔬菜为主。正餐都是以一大碗米饭为主食，佐以一道或两道咖喱料理、一条鱼、一份汤，以及一份沙拉（生菜类），餐后点心通常是时令水果或用面粉、鸡蛋、椰奶、棕榈糖做成的各式甜点。泰国菜有以下特色。

1 佛教色彩浓厚　由于特殊的气候条件，造成了泰国人民对酸味和辣味的依赖。泰式料理的招牌菜有冬阴功汤（酸辣海鲜汤）、椰汁嫩鸡汤、咖喱鱼饼、绿咖喱鸡肉、炭烧蟹、炭烧虾、猪颈肉、咖喱蟹芒果香饭等。

2 以鲜、酸、辣、辛、香、甜为特色　泰国菜善于使用天然植物果蔬、天然调味料，风味多样。具有鲜、酸、辣、辛、香、甜六类特色。

泰国菜调制鲜味时用海鲜制成的调味料鱼露，犹如中国菜中的酱油，还常常将虾酱用于各种料理调味，也作为蘸酱使用。泰国菜善于使用柠檬的酸味，如卡菲柠檬、柠檬、柠檬草、柠檬叶等。此外，泰国菜还喜欢用鲜红辣椒、青辣椒、袖珍辣椒和辣椒干、辣椒粉、辣椒酱以及咖喱、罗勒、南姜等调味品。

任务目标

1. 掌握制作冬阴功汤的方法。
2. 掌握制作泰国汤圆的方法。
3. 掌握制作泰式咖喱虾的方法。
4. 熟悉泰国饮食特色。

任务实施

1 原料配方

（1）冬阴功汤原料配方：鱼汤 500 毫升、大虾 4 只、鱿鱼 150 克、卡菲柠檬 2 个、尖辣椒 1 个、鱼露 15 毫升，柠檬草、芫荽、青葱适量，盐、胡椒粉适量。

（2）泰国汤圆原料配方：芋头 100 克、南瓜 100 克、糯米粉 150 克、紫薯 100 克、椰奶 400 克，糖、香兰叶、盐适量。

（3）泰式咖喱虾原料配方：大虾 500 克、南姜 20 克、红辣椒 20 克、香茅片 20 克、黄咖喱 100 克、辣椒酱 10 克、鱼露 20 克、红葱 50 克、蒜蓉 20 克、青柠檬皮 10 克、蚝油 15 克、椰浆 120 克、虾酱 10

克、鸡蛋 50 克,柠檬叶、糖、高汤适量。

② 制作过程

(1) 冬阴功汤(图 4-5-7):①大虾剥去外皮,留下尾部虾皮,去掉虾线,鱿鱼横切成鱿鱼圈,卡菲柠檬切片。②柠檬草切段,葱切成葱花。③鱼汤煮沸,加入柠檬草、柠檬片和尖辣椒,小火煮 6～7 分钟后过滤。④鱼汤加入虾、鱿鱼圈、鱼露煮 3～4 分钟,用盐和胡椒粉调味,撒上葱花、芫荽叶点缀。

(2) 泰国汤圆(图 4-5-8):①先将芋头、南瓜、紫薯块蒸软,再分别打成泥。②将芋头、南瓜、紫薯泥分别加糯米粉搓揉至不黏手,最后搓成小圆球。③将搓圆的芋头、南瓜、紫薯球放入椰奶中煮熟,放入糖、香兰叶、盐。煮熟装盘即可。

图 4-5-7　冬阴功汤

图 4-5-8　泰国汤圆

(3) 泰式咖喱虾(图 4-5-9):①将大虾去掉虾线,清洗干净。②锅中放入红葱、蒜、南姜、泰国红辣椒、柠檬皮和香茅片炒香,加入咖喱粉和大虾炒匀。③倒入椰浆和高汤煮沸,加蚝油、糖、辣椒酱、虾酱、鱼露、柠檬叶煮出味,加入鸡蛋液收汁后搅匀。④装盘配白米饭,撒香菜即可。

图 4-5-9　泰式咖喱虾

任务评价

1. 冬阴功汤酸辣鲜咸、清新爽口、虾味浓郁。
2. 泰国汤圆色彩口味丰富、鲜甜软糯、甜中带咸。
3. 泰式咖喱虾虾肉鲜美、微辣开胃、咖喱香浓、色彩亮丽。

注意事项

1. 冬阴功汤:要用青柠檬调节酸味,要用大虾的头熬出虾油,辣味也要足。

2. 泰国汤圆:要制作出香甜的汤圆,食材很重要,蒸好的芋头、紫薯、南瓜放凉后,再压泥,这样做可使水分含量低,三色泥用糯米粉揉搓至不黏手,才能制作小圆球。

3. 泰式咖喱虾:大虾加工时间不要太长,需要保持口感鲜美,鸡蛋液在锅中成豆花状即可。

任务四　韩国菜肴制作

任务描述

韩国菜以辣见长,泡菜具有特色。传统的韩国料理着重使用肉类、海鲜、蔬菜,多用煮、烤、生吃、

凉拌制法。

韩国一般分家常菜式和宴席菜式，两者各有风味，味辣色鲜、料多实在，泡菜或者泡菜口味的调料都是其中的必备菜品。

韩国菜肴的特色可以用三个“五”来形容。韩国菜以青、黄、红、白、黑“五色”为主色，以甜、辣、咸、苦、酸“五味”为主要味道，以韭菜、大蒜、山蒜、姜、葱“五味”作为香料的来源。推崇“医食同源”的宗旨，广泛使用各种食材，如人参、枸杞、红枣、薏米、姜、桂皮等。

任务目标

1. 掌握制作韩国泡菜的方法。
2. 掌握制作韩国烤肉的方法。
3. 掌握制作韩国人参鸡的方法。
4. 熟悉韩国饮食特色。

任务实施

❶ 原料配方

(1) 韩国泡菜原料配方：大白菜 1500 克、柠檬 50 克、苹果 150 克、丁香 3 克、白醋 25 克、盐 150 克、辣椒面 300 克、蒜苗 50 克、八角 3 克、白糖 50 克、豆蔻粉 3 克，大蒜、胡椒粉适量。

(2) 韩国烤肉原料配方：牛肉 500 克、蘑菇 250 克、香梨 500 克、白糖 30 克、大蒜 5 克、白萝卜 50 克、香油 100 克、洋葱 30 克、酱油 15 克、白醋 15 克、青椒 25 克、味精 15 克、粽叶适量。

(3) 韩国人参鸡原料配方：童子鸡 100 克、黄芪 10 克、高丽参 20 克、红枣 8 克、糯米 100 克、水 1500 克、蒜头 10 克、板栗肉 25 克、盐适量。

❷ 制作过程

(1) 韩国泡菜(图 4-5-10)：①先将大白菜用盐腌渍后脱水备用。②韩国辣椒面、苹果、蒜苗、大蒜、胡椒粉、八角、丁香、豆蔻粉、白糖、白醋、柠檬皮夹入白菜的每一片里，放入密封的缸内，一星期后取出分割即可食用。

(2) 韩国烤肉(图 4-5-11)：①先把牛肉切薄片，用酱油、香油、白糖、白醋、大蒜、洋葱、味精、香梨汁腌好调味。粽叶垫底，白萝卜切丝后冲水备用。②牛肉煎好装盘。③调好味碟，再配上香梨花。④吃时用生菜卷上牛肉蘸味汁即可食用。

图 4-5-10　韩国泡菜

图 4-5-11　韩国烤肉

(3) 韩国人参鸡(图 4-5-12)：①童子鸡去除内脏与油脂，清洗干净备用。②糯米淘洗干净，浸泡在水里 2 小时左右后，放到筛子上沥去水分。③黄芪清洗后，浸泡在水里 2 小时左右。高丽参洗净后切去头部，蒜头与红枣清洗干净。④锅里放入黄芪与水，大火煮 20 分钟左右，沸腾后转中火续煮

图 4-5-12 韩国人参鸡

40分钟左右，用筛子过滤做成黄芪水。⑤将糯米、高丽参、蒜头、红枣、板栗肉填入童子鸡肚子里后，为防止材料外漏，须将两只鸡腿交叉绑好。⑥锅里加入童子鸡与黄芪水，大火煮20分钟左右，沸腾后转中火，继续煮50分钟左右，至汤色变成乳白色，加盐调味即可。

任务评价

1. 韩国泡菜质地脆嫩，酸辣开胃。
2. 韩国烤肉香味独特，肉质细嫩。
3. 韩国人参鸡的香气浓郁，汤色雪白，肥而不腻。

注意事项

1. 韩国泡菜的蔬菜脱水是泡菜质地脆嫩的关键，盐腌好的大白菜需很好的脱水。
2. 韩国烤肉在制作时，腌渍要加入水果与洋葱，可以不加任何调料烤制，食用时蘸汁。
3. 韩国人参鸡在制作时要选用上等人参、土鸡，糯米不能放得太满。

任务五 印度尼西亚菜肴制作

任务描述

印度尼西亚地处热带雨林，物产丰富，尤其是各种香料和热带水果，它是一个多民族、多宗教的国家。印度尼西亚人大多信伊斯兰教，饮食中的肉类以牛羊肉为主，主食以米为主，烹调方法多用煎、炸、炒、炭烤，蒸和炖较少，调味多使用姜、蒜、辣椒、胡椒、黄姜、石栗和黑栗等香辛料，也常使用椰奶来制作菜肴，口味浓郁香甜。

任务目标

1. 掌握制作印尼加多加多的方法。
2. 掌握制作印尼炒饭的方法。
3. 掌握制作印尼式串烧虾的方法。
4. 熟悉印尼饮食特色。

任务实施

❶ 原料配方

（1）印尼加多加多原料配方：生菜150克、番茄20克、分葱5克、炸豆腐20克、焯水豆角20克、小红辣椒100克、盐4克、炸蒜2瓣、虾酱5克、黏米粉4克、黄瓜10克、焯水豆芽20克、莲白50克、豆酵饼10克、炸好虾片2克、糖20克、炸花生300克、干辣椒30克、椰奶1000克。

（2）印尼炒饭原料配方：泰米500克、洋葱碎20克、大蒜碎15克、沙爹酱50克、虾片15克、火腿

30克、黄瓜30克、青豆15克、面粉15克、姜黄粉5克、鸡胸肉80克、莲白菜丝30克、洋葱丝30克、香蕉100克、番茄30克、虾仁15克、鸡蛋150克、盐和色拉油适量。

(3) 印尼式串烧虾原料配方：大虾300克、青椒50克、蒜蓉10克、黄姜粉10克、米饭100克、咖喱粉15克、洋葱50克、菠萝150克、白蘑菇50克、鸡蛋50克、葡萄干10克、盐和色拉油适量。

❷ 制作过程

(1) 印尼加多加多(图4-5-13)：①制作辣椒酱：干辣椒用水略煮，与小红辣椒、糖、盐一起放在搅拌机内打碎、打均匀。②制作少司酱：花生(或花生酱)，一半的椰奶、糖、盐、虾酱、干辣椒、蒜，在搅拌机内搅匀。另置锅，将混合物与另一半椰奶一起上火煮开，至少司浓缩减半，表面出油，加黏米粉水增稠备用。③在盘中放蔬菜原料，可撒炸过的分葱碎，淋上(或者单独配上)少司与辣酱，配炸好的虾片。

(2) 印尼炒饭(图4-5-14)：①鸡肉切成丝备用，泰米煮成饭，冷却后备用。②番茄、黄瓜、火腿切片，香蕉用鸡蛋液、面粉炸制备用，鸡蛋单面煎后备用，虾片炸好备用。③锅内放色拉油，先炒香鸡胸丝、洋葱丝、莲白菜丝、青豆、虾仁，再放入米饭、少许姜黄粉，调味，炒香。④炒好的米饭放入模具成型，扣在盘中间，上面放煎蛋即可。⑤上菜前，米饭周围可配火腿、番茄、黄瓜、虾片、香蕉，以及沙爹鸡肉串、牛肉串等。

图 4-5-13　印尼加多加多

图 4-5-14　印尼炒饭

(3) 印尼式串烧虾(图4-5-15)：①大虾去虾线、去壳、开边，撒上蒜、黄姜粉备用。②洋葱、青椒、菠萝切片。③串制虾串：依次将洋葱、青椒、菠萝、大虾等串上，最后蘑菇作头。④黄姜粉、葡萄干炒米饭，平放于盘底。另一锅放色拉油，煎黄虾串，放在米饭上即可。可搭配生菜沙拉食用。

图 4-5-15　印尼式串烧虾

任务评价

1. 印尼加多加多摆放美观、色彩鲜艳、味道辛辣。
2. 印尼炒饭色泽艳丽，米饭呈淡黄色，蔬菜、水果搭配丰富。
3. 印尼式串烧虾米饭色泽嫩黄，虾串色彩金黄，蔬菜翠绿，味道清香。

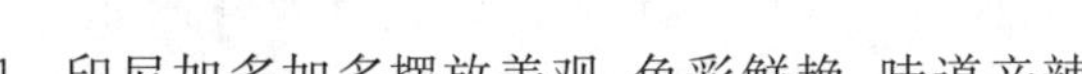

注意事项

1. 印尼加多加多是一道冷菜，原料有生有熟，关键要做好酱的味道，处理好卫生问题。
2. 印尼炒饭在制作时，姜黄粉不要放太多，水果可以替换。
3. 印尼式串烧虾一定要串紧，串平，蔬菜、肉类尽量大小一致，这样受热才能均匀，容易成熟。

任务六 越南菜肴制作

扫码看视频

任务描述

越南饮食是在中国、法国等地影响下发展而来，具有鲜明的特征，菜肴清爽精致，色泽明快，酸甜微辣，讲究阴阳调和，具有海鲜味浓郁的特点。

烹调时注重清爽原味，以蒸、煮、烧烤、凉拌为多。油炸或烧烤的菜，会配以新鲜生菜、薄荷菜等生吃菜，去腻下火。烹饪原料上使用鱼类、虾类、青菜、水果等。调味上大量使用鱼露、柠檬草、罗勒、薄荷、芹菜及新鲜的青柠檬等特有的香料与调味品。

任务目标

1. 掌握制作越南甘蔗虾的方法。
2. 掌握制作越南春卷的方法。
3. 掌握制作炸软壳蟹的方法。
4. 熟悉越南饮食特色。

任务实施

❶ 原料配方

（1）越南甘蔗虾原料配方：基围虾 400 克、油 500 克、糖 2 克、鸡蛋 1 个、分葱碎 4 克、淀粉 5 克、甘蔗小条 300 克、鱼露 3 克、胡椒粉 2 克、蒜 2 瓣、猪肥膘肉 5 克、盐 2 克。

（2）越南春卷原料配方：越南春卷皮 500 克、西芹 150 克、胡萝卜 50 克、熟虾肉 200 克、香菇 50 克、小米椒 30 克、醋 50 克、盐 30 克、罗勒 5 克、莲白 500 克、包心菜 150 克、粉丝 150 克、鱼露 150 克、柠檬 30 克、芫荽 50 克、香油 25 克、胡椒 15 克。

（3）炸软壳蟹原料配方：软壳蟹 2 只、蒜碎 2 克、色拉油 600 克、鱼露 10 克、炸干葱 5 克、红椒碎 15 克、黑胡椒碎 1 克、天妇罗粉 100 克、柠檬 1 个、花生碎 5 克。

❷ 制作过程

（1）越南甘蔗虾（图 4-5-16）：①虾去壳搅成虾泥，加入盐、猪肥膘泥、鸡蛋、分葱碎、胡椒粉、鱼露、糖、淀粉、蒜泥搅拌均匀，放置备用。②手上蘸少许油，虾泥在两手间反复摔打，直到表面光滑。用手将虾泥裹上甘蔗段，每段头尾要留出 2 厘米。形状如同梨形，依序做好冷藏定型备用。③入热油中，炸至金黄到成熟即可。

（2）越南春卷（图 4-5-17）：①包心菜、西芹、胡萝卜切丝，香菇（煮熟）切丝，撒盐脱水备用。②粉丝发好、煮熟、切小节，和西芹、胡萝卜、鱼露、香油、莲白、柠檬、包心菜、香菇一起用盐、胡椒调味。③用越南春卷皮包馅，中间放熟虾肉一个。④用香油、小米椒、酱油、芫荽、醋、罗勒作味碟。⑤摆盘，搭配调味汁即可。

（3）炸软壳蟹（图 4-5-18）：①软壳蟹解冻后，除去两边的鳃，分割成 4 块，撒上黑胡椒碎、大蒜备用。②天妇罗粉用水调和成糊备用。③色拉油烧至八成热时，软壳蟹蘸上面糊入油锅炸熟即可。④柠檬对开，一半做成汁盅型。另一半挤出柠檬汁，和鱼露、干葱碎、花生碎、红椒碎、蒜碎调和成蘸汁，两种汁与菜同上。

图 4-5-16　越南甘蔗虾

图 4-5-17　越南春卷

任务评价

1. 越南甘蔗虾虾肉细嫩、甘蔗香甜、酥脆爽口。
2. 越南春卷的色泽亮丽。
3. 炸软壳蟹酥脆鲜美。

图 4-5-18　炸软壳蟹

注意事项

1. 越南甘蔗虾制作的关键是虾泥的稠度，太稀不易成型，要做到虾条大小均匀一致，包裹要紧，炸时油温不宜太高。

2. 越南春卷选用米粉制春卷皮，也可使用面粉制春卷皮，关键是馅料的制作和味碟调制。

3. 炸软壳蟹一般是用面粉调制面糊，但是近年来大都使用日本天妇罗粉，简单方便，口感酥脆。

项目六

蔬菜类菜肴制作

项目导论

西餐的烹调中，根据不同的特点，蔬菜一般分为土豆等含淀粉较多的蔬菜和其他几乎不含淀粉的蔬菜两类。

土豆等含淀粉较多的蔬菜常用的烹调方法有以下几种。

1. 煮

(1) 煮土豆的工艺流程：锅中放冷水→加入清洗干净的土豆→加热，将土豆煮熟。

(2) 制作时注意：用冷水煮时成熟度比较均匀。煮熟的土豆要让其自然冷缺，不要放在冷水中，这样土豆才不会变得过分潮湿。

2. 蒸

(1) 蒸土豆的工艺流程：蒸锅用大火烧沸→土豆清洗干净放入蒸笼里蒸至熟。

(2) 制作时注意：蒸土豆适合用当年的新品。不要蒸过火，防止蒸熟的土豆里水分过多。制作土豆泥最好选择淀粉含量高的土豆品种。

3. 烤

(1) 烤土豆的工艺流程：土豆清洗干净→刷上调味品→放入预热的烤炉里烤熟。

(2) 制作时注意：若是皮嫩的新产品，洗净后刷上油，再烤。土豆水分较多的品种，先洗净晾干，再放入烤炉里烤熟。烤熟的土豆要趁热上桌。

4. 煎

(1) 煎土豆的工艺流程：土豆洗净去皮→切成薄片或小块→放入刷黄油或植物油的平锅里烹调成熟。

(2) 制作时注意：控制油温，一般用中大火两面煎制上色。

5. 炸

(1) 炸土豆的工艺流程：土豆切成需要的尺寸→在热油中炸成金黄色。

(2) 制作时注意：含淀粉多的土豆品种适宜油炸。如果需要的量大时，先将土豆用低温炸成半熟，晾凉后，放入冷藏箱内。需要时取出，再高温炸成金黄色。

其他蔬菜原料常用的烹调方法有以下几种。

1. 煮

(1) 煮蔬菜的工艺流程：煮锅里放水→大火将水煮开→将整理后的蔬菜放入沸水中→快速将蔬菜煮熟。

(2) 制作时注意：几乎所有的蔬菜都可以通过煮的方法制成菜肴。煮的水不要放太多，刚好能覆盖蔬菜就行。但是煮绿色蔬菜时，应该放蔬菜的两倍以上的水，并不能盖锅盖。煮时，可先在水中放少许盐(每升水约放 6 克盐)。

2. 蒸

(1) 蒸蔬菜的工艺流程：蒸锅加水煮开→将整理后的蔬菜放在一个浅的容器里，摆放整齐→大火将蔬菜蒸熟。

(2) 制作时注意：蒸蔬菜时，不要摆放得太多或太高。掌握烹调时间，以蔬菜刚熟为好。

3. 烧

(1) 烧蔬菜的工艺流程:蔬菜清理干净→放在锅中煸炒→放适量原汤和调料→大火煮开→用小火烹调成熟→最后用大火将汤汁浓缩,使蔬菜入味。

(2) 制作时注意:烧蔬菜时,使用少量汤汁即可。

4. 煸炒和煎 西餐烹调中,煸炒和煎的方法很相似,都是用少量油传热的方法。一般来说,煎蔬菜时要多放些油,且更适用于较大形状的蔬菜烹制。

(1) 煸炒和煎蔬菜的工艺流程:平锅放在中大火上→放黄油烧热→将切好的蔬菜放在热油上煸炒,或煎好一面再煎另一面。

(2) 制作时注意:每次制作时,蔬菜的数量不要太多。

5. 炸

(1) 炸蔬菜的工艺流程:清理蔬菜→沾上鸡蛋面粉糊→放在热油中炸制成熟。

(2) 制作时注意:在西餐烹调中,含淀粉多的蔬菜常用炸的方法,如土豆。油炸含水分多的蔬菜时,一定要将蔬菜的外面包上鸡蛋面粉糊,以保持其水分、质地和营养。要注意油温、蔬菜与油的比例,每次油炸的蔬菜不要太多。炸成熟的蔬菜颜色不要太深。以浅金黄色至金黄色为好。

6. 扒

(1) 扒蔬菜的工艺流程:清理蔬菜→撒少许盐和胡椒粉,抹上少许植物油→放在扒炉上→扒熟。

(2) 制作时注意:常用扒的方法制熟的蔬菜以根茎类、果菜类原料较多。如西红柿、小南瓜和鲜芦笋等。扒制的蔬菜通常放在条扒炉上,成熟后,有横条纹或网状条纹。

项目目标

学生掌握蔬菜制作技术。

任务一 蒸土豆泥

任务描述

本任务学习蒸土豆泥的制作(图 4-6-1)。

图 4-6-1 蒸土豆泥

任务目标

1. 掌握制作土豆泥的方法。
2. 掌握蔬菜蒸法技术。

任务实施

❶ 原料配方 土豆 200 克、淡奶油 15 克、洋葱 20 克、牛奶 60 克、豆蔻粉 2 克,欧芹、盐、白胡椒粉适量。

❷ 制作过程

（1）土豆洗净备用。

（2）洋葱切碎。

（3）蒸烤箱预热，将带皮的土豆放入放有烤盘纸的烤盘中，放入蒸烤箱，蒸制成熟，取出备用。

（4）蒸好的土豆去皮，切成块，用压泥器压制成土豆泥备用。

（5）在土豆泥中加入淡奶油、洋葱碎、豆蔻粉搅匀，加入牛奶调节土豆泥的软硬度，最后加入盐，白胡椒粉调味。

（6）将土豆泥装盘，用欧芹点缀即可。

任务评价

土豆泥细密绵软、香味十足，土豆蒸制成熟后压碎，加入配料碎，加入调料，装盘，加欧芹点缀。

注意事项

1. 最好选用粉质土豆。
2. 洋葱要切得很碎。
3. 土豆泥可以压制两次，这样土豆泥会更细腻。

任务二 奶油紫薯

图 4-6-2 奶油紫薯

任务描述

本任务学习奶油紫薯的制作（图 4-6-2）。

任务目标

1. 掌握制作奶油紫薯的方法。
2. 掌握蔬菜蒸法技术。

任务实施

❶ 原料配方 紫薯 150 克、玉米粒 30 克、葡萄干 10 克、淡奶油 20 克、糖浆 10 克、青橄榄 1 个、橄榄油 3 克、盐 1 克。

❷ 制作过程

（1）紫薯洗净备用。

（2）玉米粒洗净后煮熟，葡萄干放入食用水中泡软，青橄榄切圈。

（3）蒸烤箱预热，将带皮的紫薯放入放有烤盘纸的烤盘中，放入蒸烤箱，蒸制成熟，取出备用。

（4）紫薯蒸熟后去掉外皮，放入压泥器中压成泥，放入碗中备用。

（5）将玉米粒、葡萄干、淡奶油、糖浆、盐、橄榄油拌匀，装入大号花嘴裱花袋中。

（6）用裱花袋在盘中挤出紫薯泥，用青橄榄圈装饰即可。

任务评价

紫薯泥颜色好，口感浓厚。

注意事项

1. 紫薯可带皮蒸制，也可去皮后蒸制。
2. 选择大小一致的紫薯，保证蒸制时成熟度一致。
3. 蒸制紫薯判断是否成熟时，可用牙签插入紫薯中心位置，若没有硬心则代表紫薯蒸制成熟了。

任务三　煮手指胡萝卜

任务描述

本任务学习煮手指胡萝卜的制作（图 4-6-3）。

图 4-6-3　煮手指胡萝卜

任务目标

1. 掌握煮手指胡萝卜的方法。
2. 掌握蔬菜煮法技术。

任务实施

❶ 原料配方　洋葱 20 克、手指胡萝卜 200 克、鸡高汤 100 克、盐 2 克、牛奶 30 克、干百里香 2 克、黄油 10 克。

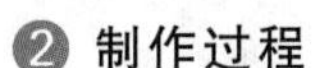

❷ 制作过程

（1）手指胡萝卜去皮洗净。

（2）洋葱切碎。

（3）汤锅加热，加入黄油，放入洋葱碎炒香，放入鸡高汤加热烧开，放入牛奶、干百里香、手指胡萝卜煮制。

（4）将煮熟的手指胡萝卜放入盘中，将汤汁继续加热，浓缩后用盐调味，淋在手指胡萝卜上即可。

任务评价

汤汁浓郁，胡萝卜香甜。

注意事项

1. 手指胡萝卜去皮时要去除干净。
2. 煮制胡萝卜时，可用牙签插入胡萝卜最厚的地方，若没有硬心，则代表胡萝卜熟了。
3. 浓缩汤汁时可用大火加热。

任务四 煎马铃薯薄饼

图 4-6-4 煎马铃薯薄饼

任务描述

本任务学习煎马铃薯薄饼的制作(图 4-6-4)。

任务目标

1. 掌握煎马铃薯薄饼的方法。
2. 掌握蔬菜煎制技术。

任务实施

❶ **原料配方** 马铃薯 200 克、鸡蛋 1 个、洋葱 30 克、面粉 40 克、肉豆蔻粉 2 克、色拉油 50 克，盐、白胡椒粉适量。

❷ **制作过程**

(1) 马铃薯去皮,放入蒸烤箱中蒸熟,取出后压成泥备用。
(2) 洋葱切碎,鸡蛋打散。
(3) 马铃薯泥中加入面粉、鸡蛋液搅匀,用盐、白胡椒粉和肉豆蔻粉调味。
(4) 平底煎锅加热,加入色拉油烧热,将薯泥用大号勺子放入煎锅内,制成圆饼。
(5) 将一面煎至金黄后再煎制另一面。
(6) 将煎好的马铃薯薄饼装盘即可。

任务评价

薄饼酥脆,颜色金黄。

注意事项

1. 可选用粉质马铃薯制作薄饼。
2. 用蛋液调节稀稠度。
3. 煎制时可用中火加热。

任务五 蘑菇烩马铃薯块

任务描述

本任务学习蘑菇烩马铃薯块的制作(图 4-6-5)。

任务目标

1. 掌握制作蘑菇烩马铃薯块的方法。

2. 掌握烩制菜肴技术。

图 4-6-5　蘑菇烩马铃薯块

任务实施

❶ 原料配方　蘑菇 80 克、马铃薯 50 克、蒜 30 克、洋葱 40 克、西芹 20 克、鸡高汤 300 克、淡奶油 30 克、干百里香 2 克、干牛至叶 2 克、黄油 20 克、色拉油 50 克,盐、白胡椒粉适量。

❷ 制作过程

(1) 蘑菇洗净切角,马铃薯去皮切小块,清洗后沥干水分。

(2) 蒜切碎,洋葱切块,西芹切小块。

(3) 平底煎锅加热,放入色拉油,加入蘑菇角炒熟盛出备用。

(4) 平底煎锅加热,放入色拉油烧热后放入马铃薯块煎制表面金黄后盛出备用。

(5) 汤锅加热,放入黄油熔化后加入洋葱块、蒜碎炒香,放入干百里香、干牛至叶炒出香味,放入西芹炒制一会,再放入蘑菇、马铃薯,加入鸡高汤、淡奶油、盐、白胡椒粉一同烩制。

(6) 将烩制好的蘑菇、马铃薯盛入碗中即可。

任务评价

蘑菇鲜嫩,马铃薯软烂、口感佳。

注意事项

1. 马铃薯小块的长、宽、高约为 1.5 厘米。
2. 西芹、洋葱、马铃薯块大小应相等。
3. 煎制马铃薯时要用小火慢煎。
4. 烩制蔬菜时要用中火进行加热。

任务六　奶油炖蔬菜

图 4-6-6　奶油炖蔬菜

任务描述

本任务学习奶油炖蔬菜的制作(图 4-6-6)。

任务目标

1. 掌握奶油炖蔬菜的制作方法。
2. 掌握炖制技巧。

任务实施

❶ 原料配方　甘蓝 100 克、紫甘蓝 30 克、胡萝卜 50 克、洋葱 50 克、西兰花 70 克、干百里香 3 克、黄油 15 克、淡奶油 30 克、牛奶 50 克、鱼高汤(基础汤)130 克、白葡萄酒 10 克,盐、白胡椒粉适量。

❷ 制作过程

(1) 甘蓝、紫甘蓝洗净,切成小块。

(2) 胡萝卜切滚刀块，洋葱切块，西兰花切朵。

(3) 汤锅中加水烧开，胡萝卜、西兰花分别氽水制熟。

(4) 汤锅加热，放入黄油熔化后加入洋葱炒香，放入干百里香炒出香味后加入甘蓝、紫甘蓝、胡萝卜、西兰花炒匀，加入牛奶、白葡萄酒、淡奶油、鱼高汤一同炖制。

(5) 所有原料炖熟后加入盐、白胡椒粉调味，装入碗中即可。

任务评价

奶油香甜而不腻，口感细腻，蔬菜脆而不生。

注意事项

甘蓝块、洋葱块、胡萝卜块大小应均匀一致。

任务七 番茄彩椒煨薯球

图 4-6-7 番茄彩椒煨薯球

任务描述

本任务学习番茄彩椒煨薯球的制作(图 4-6-7)。

任务目标

1. 掌握番茄彩椒煨薯球的制作方法。
2. 掌握蔬菜煨制技巧。

任务实施

❶ 原料配方 马铃薯 200 克、小番茄 70 克、彩椒 70 克、洋葱 30 克、牛高汤(基础汤)200 克、番茄酱 40 克、黄油 30 克、色拉油 500 克、盐 4 克、白胡椒粉 4 克、干百里香 4 克。

❶ 制作过程

(1) 马铃薯去皮，用挖球器将马铃薯挖成球状洗净后备用。

(2) 洋葱切碎，彩椒切丁，小番茄清洗后沥干水分。

(3) 油炸锅放入色拉油加热，放入薯球炸至表面金黄，捞出控油。

(4) 锅加热，放入黄油，加入洋葱碎炒香，加入彩椒丁炒匀，放入牛高汤、番茄酱、干百里香、小番茄和炸好的薯球，大火烧开后，放入烤箱煨制。

(5) 煨制好后，将番茄和薯球捞出放入碗中，汤汁继续加热，加入盐、白胡椒粉调味，浓缩后淋在食材上即可。

任务评价

马铃薯软糯，彩椒甜而不辣，色彩丰富。

注意事项

马铃薯挖成球后剩余的部分可以制作其他菜肴。

任务八　焗咖喱蔬菜

任务描述

本任务学习焗咖喱蔬菜的制作(图 4-6-8)。

图 4-6-8　焗咖喱蔬菜

任务目标

1. 掌握焗咖喱蔬菜的方法。
2. 掌握蔬菜焗制技巧。

任务实施

❶ **原料配方**　西兰花 50 克、玉米笋 30 克、洋葱 50 克、西芹 50 克、蒜 15 克、咖喱酱 40 克、淡奶油 20 克、芝士 50 克、色拉油 20 克,盐、白胡椒粉适量。

❷ **制作过程**

(1) 西兰花洗净、切小朵,玉米笋切开。

(2) 洋葱切块,西芹去皮后切块,蒜、芝士切碎。

(3) 汤锅加水后烧开,西芹、西兰花、玉米笋分别汆水至半熟,沥干水分备用。

(4) 平底煎锅加热,放入色拉油加热,放入蒜碎炒香后,加入咖喱酱炒香,加入洋葱块炒匀,放入西芹、西兰花、玉米笋、淡奶油炒匀,加入盐、白胡椒粉调味,放入焗盘中,上面撒上芝士碎。

(5) 焗炉预热,将焗盘放入焗炉中,焗至芝士熔化即可。

任务评价

咖喱色泽明亮,蔬菜软硬适中。

注意事项

1. 蔬菜汆水时时间不宜过长,过长会使原料成熟过度,失去脆感。
2. 炒制咖喱酱时要用小火进行炒制,否则咖喱酱容易焦煳。
3. 焗炉焗制时间约为 10 分钟。

任务九　芝士焗薯泥

任务描述

本任务学习芝士焗薯泥的制作(图 4-6-9)。

图 4-6-9　芝士焗薯泥

任务目标

1. 掌握制作芝士焗薯泥的方法。
2. 掌握蔬菜焗制技巧。

任务实施

❶ 原料配方　马铃薯 1 个、青豆 15 克、玉米粒 15 克、鹰嘴豆 10 克、紫薯 15 克、芝士碎 40 克、牛奶 10 克、沙拉酱 15 克，盐、黑胡椒粉适量。

❷ 制作过程

（1）马铃薯对半切开，放入蒸烤箱将马铃薯蒸熟。

（2）紫薯切小丁，与青豆、玉米粒、鹰嘴豆分别用盐水煮熟。

（3）取出马铃薯，用勺子将马铃薯肉取出，放入碗中备用，留薯皮备用。

（4）将马铃薯肉压成泥，放入紫薯丁、青豆、玉米粒、鹰嘴豆、牛奶拌匀，加入盐、黑胡椒粉调味，制成薯泥。

（5）将薯泥放入薯碗内，上面撒上芝士碎。

（6）焗炉预热，将薯碗放入铺有烤盘纸的烤盘中，放入焗炉中进行焗制。

（7）焗制好的薯泥放入盘中，淋上沙拉酱即可。

任务评价

薯泥丝滑，芝士香甜，表面焦黄。

注意事项

1. 蒸制马铃薯时，时间不宜过长，刚熟透即可取出。
2. 用勺子挖取马铃薯肉时不要将薯皮挖破，薯皮上的马铃薯肉可留 0.5 厘米的厚度。
3. 放入薯碗中的薯泥量不宜太多。
4. 可选用马苏里拉芝士。
5. 焗制时，芝士熔化即可，约 10 分钟。

任务十　蜂蜜烤南瓜

图 4-6-10　蜂蜜烤南瓜

任务描述

本任务学习蜂蜜烤南瓜的制作（图 4-6-10）。

任务目标

1. 掌握制作蜂蜜烤南瓜的方法。
2. 掌握蔬菜烤制技巧。

任务实施

❶ **原料配方**　南瓜 150 克、鲜迷迭香 3 克、鲜百里香 3 克、蜂蜜 15 克。

❷ **制作过程**

（1）南瓜洗净，切成角。

（2）鲜迷迭香、鲜百里香切碎。

（3）南瓜角用盐、糖、鲜百里香碎、鲜迷迭香碎腌制 10 分钟。

（4）蒸烤箱预热，将南瓜角放入带有烤盘纸的烤盘中，放入蒸烤箱中，烤制成熟。

（5）将烤制好的南瓜取出后，表面涂抹蜂蜜后再烤制 5 分钟。

（6）将烤好的蜂蜜南瓜装盘即可。

任务评价

南瓜香甜美味，蜂蜜味道醇厚。

注意事项

1. 迷迭香和百里香也可以用干制的，用量相应减少。
2. 烤制的温度约为 180 摄氏度，烤制时间约为 25 分钟。
3. 烤制南瓜时为保证受热均匀，在烤制过程中可以将烤盘旋转后继续烤制。

任务十一　香草烤薯片

任务描述

本任务学习香草烤薯片的制作（图 4-6-11）。

图 4-6-11　香草烤薯片

任务目标

1. 掌握制作香草烤薯片的方法。
2. 掌握蔬菜烤制技巧。

任务实施

❶ **原料配方**　马铃薯 150 克、鲜迷迭香 4 克、鲜百里香 4 克、欧芹 5 克、洋葱 20 克、蒜 20 克、黄油 10 克，盐、黑胡椒粉适量。

❷ **制作过程**

（1）马铃薯去皮，切成圆片，用盐、黑胡椒粉腌制 10 分钟。

（2）鲜迷迭香、鲜百里香、欧芹、洋葱、蒜切碎，制成香料碎。

（3）平底煎锅加热，加入黄油熔化后，加入香料碎，炒香，用盐、黑胡椒粉调味。

（4）蒸烤箱预热，将马铃薯片放在放有烤盘纸的烤盘中，马铃薯片上涂抹上炒好的香料碎，放入烤箱，烤制成熟。

(5) 将烤制成熟的马铃薯片装盘即可。

任务评价

薯片薄脆,香草香气十足。

注意事项

1. 马铃薯圆片的厚度约为 0.5 毫米。
2. 炒制香料碎时,应用小火慢慢炒制。
3. 烤制马铃薯片的温度约为 150 摄氏度,烤制 25 分钟左右。
4. 烤好的马铃薯片可以摆成一字形、圆形或椭圆形。

任务十二 美式炸洋葱圈

图 4-6-12 美式炸洋葱圈

任务描述

本任务学习美式炸洋葱圈的制作(图 4-6-12)。

任务目标

1. 掌握制作美式炸洋葱圈的方法。
2. 掌握蔬菜炸制技巧。

任务实施

❶ 原料配方 洋葱 200 克、鸡蛋 1 个、面粉 70 克、面包糠 50 克、番茄酱 30 克、色拉油 500 克,泡打粉、盐、白胡椒粉适量。

❷ 制作过程

(1) 洋葱去皮洗净,切成 1 厘米厚的圈。用盐、白胡椒粉腌制入味。

(2) 鸡蛋打散,放入面粉、泡打粉,制成面糊。

(3) 油炸锅加入色拉油烧热,将洋葱圈沾匀面糊,再沾匀面包糠,放入油炸锅中炸制酥脆,捞出控油。

(4) 洋葱圈放入盘中,旁边放上番茄酱即可。

任务评价

洋葱圈味美回甘,外壳酥脆。

注意事项

1. 洋葱需要去掉内层薄膜,再沾匀面粉糊。
2. 鸡蛋完全打散后再加入面粉,否则容易出现面粉颗粒。

3. 炸制时的油温约为 120 摄氏度。

任务十三　炸马铃薯配番茄酱

扫码看视频

任务描述

本任务学习炸马铃薯配番茄酱的制作(图 4-6-13)。

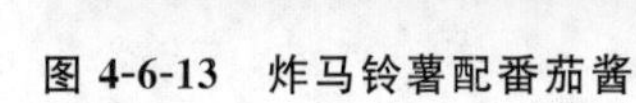

图 4-6-13　炸马铃薯配番茄酱

任务目标

1. 掌握炸马铃薯配番茄酱的方法。
2. 掌握蔬菜炸制技巧。

任务实施

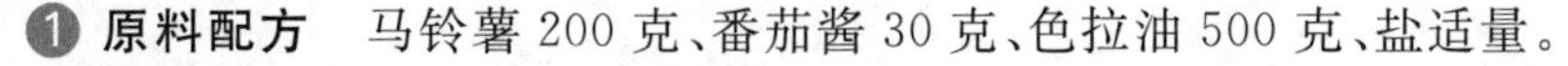

❶ **原料配方**　马铃薯 200 克、番茄酱 30 克、色拉油 500 克、盐适量。

❷ **制作过程**

(1) 马铃薯去皮洗净后切细条。
(2) 将马铃薯条用水漂洗,控干水分备用。
(3) 油炸锅加油后预热,将马铃薯放入油中,炸制。
(4) 当马铃薯炸至金黄酥脆后即可捞出,趁热撒盐拌匀。
(5) 炸好的马铃薯放入盘中,旁边点缀上番茄酱即可。

西餐配菜

任务评价

马铃薯酥脆适口,色泽金黄。

注意事项

1. 马铃薯条的宽度约为 0.3 厘米,长度约为 6 厘米。
2. 马铃薯漂洗的目的是将表面的淀粉洗掉。
3. 炸制时的油温约为 180 摄氏度。
4. 在油中的马铃薯,表面的气泡变少,浮在油面上时即表明已炸熟。

模块五

餐后甜点制作

布丁制作

本模块课件

项目导论

“布丁”是英语“pudding”的音译，中文意译则为“奶冻”。广义来说，它泛指由浆状的材料凝固成固体状的食品，如圣诞布丁、面包布丁、约克郡布丁等。

狭义来说，布丁是一种半凝固状的冷冻的甜品，主要材料为鸡蛋和奶黄，类似果冻。在英国，“布丁”一词可以代指任何甜点。

布丁是一种英国的传统食品，它是从古代用来表示掺有血的香肠的“布段”所演变而来的，现在以蛋、面粉与牛奶为材料制造而成的布丁，是由当时的撒克逊人传授下来的。中世纪的修道院，则把“水果和燕麦粥的混合物”称为“布丁”。这种布丁的正式出现是在16世纪伊丽莎白一世时代，它与肉汁、果汁、水果干及面粉一起调配制作。17世纪和18世纪的布丁是用蛋、牛奶以及面粉为材料来制作。

布丁有很多种，按照成型、成熟方法可以分为蒸布丁、焗布丁、烤布丁、冻布丁等；按制作原料的不同有鸡蛋布丁、芒果布丁、鲜奶布丁、巧克力布丁、草莓布丁等。

项目目标

掌握西餐布丁的制作技术。

任务一 焦糖布丁

图 5-1-1 焦糖布丁

任务描述

焦糖布丁是布丁的一种，是用牛奶、鸡蛋、糖等材料制成的，因其口感甜中带有微微的苦味而备受人们的喜爱（图 5-1-1）。

任务目标

1. 掌握熬制焦糖的方法。
2. 掌握调制奶水的方法。
3. 掌握隔水烘烤法的特点。
4. 掌握用炉温烘烤布丁的方法。

任务实施

❶ 原料配方　牛奶 90 克、淡奶油 10 克、鸡蛋 1 个、幼糖 82 克、水 20 克。

❷ 制作过程

(1) 先将 20 克水与 50 克幼糖加热烧制成焦糖。

(2) 将牛奶、淡奶油、32 克幼糖煮沸冲入打散的蛋液中。

(3) 将蛋液倒入锅中煮沸即可倒入模具。

(4) 隔水烘烤，上下火 160 摄氏度烘烤 30 分钟左右。

(5) 将烤好的焦糖布丁倒扣在盘中即可。

任务评价

焦糖布丁色泽金黄、形态美观，既带有浓郁的奶香，又具有焦糖所带来的淡淡的苦味，混合在丝滑的口感中，别有风味。

注意事项

1. 煮沸的奶水倒入蛋液时要不断搅拌，以免起蛋花。
2. 隔水烘烤时最好在烤盘中加入温水，水量不宜超过模具的 1/3。
3. 烘烤时的温度不宜过高，时间不宜过长，以免布丁中产生气孔。

任务二　蒸布丁

任务描述

蒸布丁采用蒸汽为主的加热方法，使布丁的口感更为湿润，再配以各种少司，可使布丁演变出更丰富的口味(图 5-1-2)。

图 5-1-2　蒸布丁

任务目标

1. 掌握调制布丁奶水的方法。
2. 掌握熟制布丁的方法。
3. 掌握判断布丁成熟度的方法。

任务实施

❶ 原料配方　牛奶 450 克、幼糖 90 克、鸡蛋 5 个、香草荚 1 根、白砂糖适量。

❷ 制作过程

(1) 香草荚剖开，将其中的香草籽与幼糖拌均匀。

(2) 蛋液中加入 2/3 幼糖，用打蛋器轻轻打散，不要搅打过度，否则打出气泡，布丁成熟后会有气孔。

(3) 牛奶中加入 1/3 幼糖烧开冷却，加入搅拌好的蛋液中，将蛋奶液倒入模型中。

(4) 锅中水煮沸后，把布丁一个个排入，用极小的火蒸 40 分钟。

(5) 蒸好后在布丁上撒上白砂糖，用喷枪喷出焦糖色即可。

任务评价

蒸布丁色泽金黄，因表面有焦糖，在食用时带有脆脆的口感，与内部湿润软糯的口感搭配，别有风味。

注意事项

1. 蛋液的搅拌尤为重要，蛋液搅拌过度，会产生大量气泡，使布丁千疮百孔；蛋液搅拌不足会使布丁底部有沉淀物。

2. 蒸制布丁的火候尤为重要，应用小火加热，若火力还大可掀开部分笼帽透气蒸制。

任务三 羊角面包布丁

图 5-1-3 羊角面包布丁

任务描述

羊角面包布丁是一款风味独特的面包布丁。羊角面包的加入，不仅使布丁的奶味与油脂更为丰富，也使布丁的口感更有层次(图 5-1-3)。

任务目标

1. 掌握调制布丁奶水的方法。

2. 掌握烤制布丁的正确方法。

3. 掌握判断布丁成熟度的方法。

4. 掌握调制布丁少司的方法。

任务实施

❶ **原料配方** 羊角面包 1 只、牛奶 75 克、淡奶油 125 克、糖 50 克、香草汁 0.5 克、鸡蛋 1 个、蛋黄 3 个、肉桂粉 0.5 克、香草荚 1/4 根、白朗姆酒适量。

❷ **制作过程**

(1) 将羊角面包撕开放入 2 个小模具中。

(2) 1 个蛋黄和 1 个全蛋用打蛋器搅拌均匀。

(3) 30 克糖加入 60 克牛奶和 60 克淡奶油中烧开，将烧开的奶水冲入蛋液中，加入香草汁拌均匀。

(4) 将奶水倒入模具中，等待羊角面包将蛋液吸透，撒上肉桂粉即可。

(5) 隔水蒸烤，烘烤温度上下均为 200 摄氏度，烘烤 20 分钟左右。

(6) 少司制作：将剩余的牛奶、淡奶油、糖烧开，加入香草荚中的香草籽，加入搅拌均匀的 2 个蛋黄液中，再次烧开后冷却待用。

(7) 待羊角布丁出炉后，淋上少司，与加入白朗姆酒打发的淡奶油一起食用即可。

任务评价

羊角面包布丁色泽金黄，奶香浓郁，不仅有布丁的甜味，而且有面包的微咸味，布丁与羊角面包的融合给其口感带来更丰富的层次感。

注意事项

1. 隔水烘烤布丁的时间根据布丁的模具与大小而定，检验的方法是将小刀或竹签插入布丁的中心，取出后小刀或竹签上没有粘连，即为成熟。

2. 此布丁不同于普通面包布丁，奶香浓郁，食用时拌以打发的淡奶油口味更佳。

任务四　意大利奶布丁

任务描述

意大利奶布丁是一款独特的布丁品种，在用料中不仅使用了淡奶油、椰浆等，更运用了玛利宝酒，为布丁增添了不同的风味，是用于餐后调剂口味的一款甜品(图 5-1-4)。

图 5-1-4　意大利奶布丁

任务目标

1. 掌握冷冻布丁的特点。
2. 掌握调制布丁奶水的方法。
3. 掌握冷冻奶布丁的制作方法。
4. 掌握脱模冷冻布丁的制作方法。
5. 掌握调制香草少司的方法。

任务实施

❶ **原料配方**　牛奶 25 克、幼糖 11 克、淡奶油 50 克、椰浆 25 克、明胶片 5 克、玛利宝酒 2 克。

❷ **制作过程**

(1) 先将明胶片放在冰水中浸泡回软。

(2) 将牛奶、淡奶油、幼糖、椰浆煮沸。

(3) 将明胶片放入奶液中，待奶液冷却后加入玛利宝酒，倒入模具，冷藏。

(4) 待布丁冷却后脱模入盘，用牛奶、香草汁、幼糖烧制成少司淋在奶布丁表面，并用水果装饰即可。

任务评价

意大利奶布丁色泽洁白、形态美观，口味既带有浓郁的奶香和椰香，又带有玛利宝酒的香味。

注意事项

1. 明胶片必须用冷水泡软,夏天需用冰水浸泡。
2. 意大利奶布丁的装饰以及少司的选择可以根据点缀的水果进行变化。
3. 模具的选择应以口大底小为好,便于脱模。

慕斯制作

项目导论

慕斯又称充气的凝乳，它是将奶油打发后，与其他风味原料混合，加入吉利粉、黄油或巧克力等，经过低温冷却后制成的西点，具有可塑性，口感膨松如绵。

慕斯的种类多，配料不同，调制方法各异，很难用一种方法概括，但一般的规律是：配方中若有吉利丁片或鱼胶粉，则先把吉利丁片或鱼胶粉用水熔化，然后根据用料，有蛋黄、蛋清的，将蛋黄、蛋清分别与糖打发；有果碎的，把果肉打碎并加入打发的蛋黄、蛋清；有巧克力的，将巧克力熔化后与其他配料混合。最后将打发的鲜奶油与调好的半成品拌匀即可。

慕斯的成型方法也多种多样，可按实际工作中的需要，灵活掌握。慕斯成型的最普遍做法是将慕斯直接挤到各种容器（如玻璃杯、咖啡杯、小碗、小盘）中，或者挤到装饰过的果皮内。

近年来，国际上一些酒店内还流行以下几种慕斯的成型方法。

1. 立体造型工艺法　将调制好的慕斯，采用不同的其他原料作为造型原料，使制品整体效果立体化。最常采用的造型原料有巧克力片、起酥面团、饼干、清蛋糕等。通过各种加工方法，使慕斯产生极强的立体装饰效果。

2. 食品包装法　用其他食品原料制成各式各样的艺术包装品，将慕斯装入其中，然后再配以果汁或新鲜水果，会产生极强的美感。此方法大多以巧克力、脆皮饼干面、花色清蛋糕坯等制成各式的食品盒或桶的装饰物，用来盛放慕斯。不仅可以增加食品的装饰性，同时也提高了慕斯的营养价值。

3. 模具成型法　利用各种各样的模具，将慕斯挤入或倒入，整理后放入冰箱，冷藏数小时取出，使慕斯具有特殊的形状和造型。采用此方法时，为提高产品的稳定性，在调制慕斯糊时，可适量多加一点吉利丁片，但不可过多，否则会产生韧性，失去慕斯原有的品质和特点。

慕斯的成型方法及工艺很多，除上述方法外，还可以用成熟的酥皮盘底，或者用薄饼盛装等。

慕斯调制完成后需要定型。定型是决定慕斯形状、质量的关键步骤。慕斯的定型，不仅有利于下一步的操作，而且为制品的装饰、美化奠定了基础。

一般情况下，慕斯类制品的定型，大多需要成型后放入冷藏柜内数小时，以保证制品的质量要求和特点。慕斯的定型与慕斯的盛放器皿有着紧密关系。

项目目标

掌握各种慕斯的制作技术。

任务一 巧克力与芒果慕斯

图 5-2-1 巧克力与芒果慕斯

任务描述

巧克力与芒果慕斯是西点中较为常见的慕斯品种，将其用在餐后甜品中也较为普遍，此款甜品装饰美观，将巧克力与芒果慕斯制作成橄榄的形状，让食用者在美的享受同时品尝美味，真正体验艺术之美(图 5-2-1)。

任务目标

1. 掌握制作巧克力慕斯的方法。
2. 掌握制作芒果慕斯的方法。
3. 掌握选择不同的模具制作慕斯的方法。
4. 掌握慕斯的脱模方法。
5. 掌握用不同的材料装饰慕斯的方法。

任务实施

❶ 原料配方

(1) 巧克力慕斯原料配方：打发的淡奶油 70 克、幼糖 10 克、水 14 克、巧克力 50 克、淡奶油 15 克。

(2) 芒果慕斯原料配方：芒果果蓉 20 克、吉利丁片 2 片、打发的淡奶油 30 克。

❷ 制作过程

(1) 巧克力慕斯制作。①先将水与幼糖加热烧至糖熔化，将淡奶油煮沸，与糖水混合。②混合液冲入巧克力中搅拌，搅拌至巧克力熔化。③入模冷冻成型。

(2) 芒果慕斯制作。①将吉利丁片放入冰水中浸泡。②将芒果果蓉煮沸。③将浸泡好的吉利丁片放入果蓉中搅拌均匀。④将拌入吉利丁片的果蓉降温。⑤分次拌入打发的淡奶油。⑥入模冷冻成型。

将两种慕斯脱模装盘即可。

任务评价

此甜品形态美观，巧克力慕斯口感丝滑，芒果慕斯香味浓郁。

注意事项

1. 打发的淡奶油拌入果蓉液体时应注意液体温度，温度过高会使淡奶油泄掉，温度过低会使淡奶油与液体分离。

2. 冻硬的慕斯脱模后要放置在室温下稍微回软，以使食用者得到最佳的口感。
3. 慕斯可以放在不同的模具中呈现出不同的形状，可根据制作者的构思进行摆盘。

任务二　抹茶慕斯蛋糕

任务描述

抹茶慕斯蛋糕是用淡奶油、鸡蛋、明胶、各种酒制作而成的，是一款带有独特抹茶口味的慕斯蛋糕，因其色泽亮丽、摆盘新颖、口感富有层次而被人们喜爱，很适合用于餐后甜品(图 5-2-2)。

图 5-2-2　抹茶慕斯蛋糕

任务目标

1. 掌握制作慕斯的方法。
2. 掌握选用酒来提升慕斯口感的方法。
3. 掌握选择不同的模具制作慕斯的方法。
4. 掌握慕斯脱模的方法。
5. 掌握用不同的材料装饰慕斯的方法。

任务实施

❶ **原料配方**　进口抹茶粉 9 克、幼糖 100 克、淡奶油 300 克、蛋黄 4 个、明胶片 15 克、水 60 克、白巧克力碎 10 克、玛莎拉酒 25 克、芝华士酒 5 克、蛋糕片 2 片。

❷ **制作过程**

(1) 先将 60 克水与 100 克幼糖加热至 118 摄氏度。

(2) 将明胶片用冰水泡软，将白巧克力碎隔水熔化待用。

(3) 将一个蛋黄打发，将糖水冲入蛋黄中搅打至温度冷却后加入泡软的明胶片和白巧克力。

(4) 将淡奶油打发加入“(3)”中，拌入过筛的抹茶粉以及两种酒，拌均匀后装入裱花袋。

(5) 慕斯圈中垫好蛋糕片，将抹茶慕斯裱入慕斯圈至一半，盖上另一层蛋糕片，再将抹茶慕斯裱入慕斯圈，表面抹平，入冰箱冷冻 2 小时左右。

(6) 将冷冻好的抹茶慕斯脱模后点缀装盘即可。

任务评价

此甜品形态美观，慕斯口感丝滑，抹茶香味浓郁。

注意事项

1. 淡奶油打发过程中要特别关注其厚度，不宜太薄。

2. “制作过程”的第(4)步，淡奶油拌入时要注意蛋黄液的温度。温度太高，奶油易熔化，使慕斯糊没有厚度；温度太低，慕斯糊会结块。

3. 慕斯圈中应有薄玻璃纸片围边，使慕斯成型后易脱模。

4. 垫入慕斯圈中的蛋糕片直径要小于慕斯圈，否则蛋糕片会外露，影响美观。

任务三 草莓马斯卡布尼

图 5-2-3 草莓马斯卡布尼

任务描述

草莓马斯卡布尼有浓郁的草莓与奶香味，味甜而不腻，因其色泽亮丽、摆盘新颖、口味酸甜而更被女性所喜爱(图 5-2-3)。

任务目标

1. 掌握烧制草莓酱的方法。
2. 掌握马斯卡布尼的特性。
3. 掌握制作慕斯的方法。
4. 掌握选用酒来提升慕斯口感的方法。
5. 掌握选择不同的模具制作慕斯的方法。
6. 掌握慕斯脱模的方法。
7. 掌握用不同的材料装饰慕斯的方法。

任务实施

❶ 原料配方 幼糖 100 克、蛋黄 4 个、水 60 克、马斯卡布尼 350 克、柠檬皮 0.5 个、草莓果蓉 200 克、明胶 20 克、打发的淡奶油 400 克、白蛋糕坯 2 片、新鲜草莓 100 克、糖 30 克。

❷ 制作过程

(1) 幼糖加 60 克水煮至 118 摄氏度。

(2) 将蛋黄打发，将糖水冲入蛋黄。

(3) 马斯卡布尼加入蛋黄，搅匀。

(4) 草莓果蓉加柠檬皮煮沸，加入泡软的明胶，降温。

(5) 将草莓果蓉拌入混合蛋黄液。

(6) 将打发的淡奶油拌入“(5)”。

(7) 慕斯圈中垫好蛋糕片，将草莓慕斯裱入慕斯圈至一半再加入另一层蛋糕片，再将草莓慕斯裱入慕斯圈，表面抹平，入冰箱冷冻 2 小时左右。

(8) 新鲜草莓加糖熬煮至出汁水。

(9) 将冷冻好的草莓慕斯脱模后淋上草莓糖水，点缀装盘即可。

任务评价

此甜品形态美观，口感丝滑，草莓味浓郁，酸甜适度。

注意事项

1. 慕斯圈中应有薄玻璃纸片围边，使慕斯成型后易脱模。
2. 垫入慕斯圈中的蛋糕片直径要小于慕斯圈，否则蛋糕片会外露，影响美观。

3. 烧制装饰用的草莓果酱时,要小火慢熬,熬出草莓汁水。

任务四　黑森林香槟杯

任务描述

黑森林香槟杯是一款由黑森林蛋糕演变而来的甜品,制作工艺复杂,因其盛装在香槟杯中而使其口感更为丝滑。巧克力、芒果、酒渍樱桃的多重冲击为此甜品带来更多味觉体验(图 5-2-4)。

图 5-2-4　黑森林香槟杯

任务目标

1. 掌握酒渍樱桃的特性。
2. 掌握巧克力的特性。
3. 掌握选用酒来提升慕斯口感的方法。
4. 掌握调制两种慕斯的方法。
5. 掌握用不同慕斯组合来提升甜品口感的方法。
6. 掌握用不同的材料装饰慕斯的方法。

任务实施

❶ 原料配方

(1) 巧克力慕斯原料配方:淡奶油 75 克、黑巧克力 30 克、朗姆酒 1 克。

(2) 白奶油原料配方:淡奶油 75 克、糖 80 克、马斯卡布尼 35 克。

(3) 芒果慕斯原料配方:淡奶油 20 克、椰奶 20 克、芒果果蓉 25 克、糖 70 克、水 152 克、明胶片 1 片。

(4) 其他:无粉蛋糕片 2 片、新鲜黑樱桃 1 个、薄荷叶若干片、酒渍樱桃若干个、巧克力碎若干、糖水适量。

❷ 制作过程

(1) 无粉蛋糕的制作同黑森林蛋糕。

(2) 将 2 厘米厚的无粉蛋糕加工成直径 5.5 厘米的蛋糕坯,待用。

(3) 淡奶油烧开,倒入黑巧克力中,搅拌至黑巧克力熔化,加入朗姆酒,入冰箱冷却至浓稠,制成巧克力慕斯。

(4) 将淡奶油和幼糖打发,加入马斯卡布尼搅拌均匀,制成白奶油。

(5) 芒果果蓉烧开加入幼糖,加入椰奶,搅拌均匀。

(6) 用冷水泡软的明胶,隔水加热成明胶水。

(7) 淡奶油打发,加入“(5)”中,再加入明胶水,搅拌均匀,成为芒果慕斯,入冰箱冷藏待用。

(8) 在香槟杯中加入蛋糕片,在蛋糕片上刷上糖水,裱上巧克力慕斯,放上酒渍樱桃,再加一层蛋糕片,刷上糖水,将芒果慕斯裱在蛋糕片上,撒上巧克力碎,再裱上一点白奶油,将新鲜黑樱桃放在白奶油上,用薄荷叶点缀即可。

任务评价

此甜品装盘方式独特,口感丰富。

注意事项

1. 巧克力慕斯的制作可以不用明胶，因为巧克力有一定的凝结性。
2. 芒果慕斯冷冻的时间不宜过长、温度不宜过低，以免慕斯太硬。
3. 明胶片必须是隔水化成水之后才能放入慕斯中。

项目三

舒芙蕾

项目导论

舒芙蕾是法文“soufflé”的译音，也是一类甜点的统称。制品的具体名称可根据所加的配料来确定，如配料中加巧克力，则称巧克力舒芙蕾；加草莓，则称草莓舒芙蕾。舒芙蕾在通常情况下是一客一份。

根据舒芙蕾食用时的温度，舒芙蕾可分两类。冷冻的冷舒芙蕾具有质地细腻、清凉爽口、口味香甜的特点；烘烤的热舒芙蕾则松软香甜。

由于舒芙蕾的种类、风味不同，其用料也有差异。冷舒芙蕾的主要原料有糖、鸡蛋、奶油、甜酒或果泥等；热舒芙蕾的主要原料有牛奶、黄油、糖、面粉、蛋白、香精或香料。

1. 舒芙蕾的一般工艺

（1）一般用料。①冷舒芙蕾一般用料：牛奶 250 克，鸡蛋 12 只，酒 300 克。②热舒芙蕾的一般用料：牛奶 500 克，糖 110 克，黄油 110 克，蛋白 250 克，盐 5 克，面粉 110 克，香草或香精 2 克。

（2）制作方法。①冷舒芙蕾：冷舒芙蕾装模放入冰箱后，在正常情况下，一般在 5～8 小时后即可定型食用。具体制作方法是将糖和水放入锅内煮至浓稠为止；将蛋液放入搅拌机内，搅打至浓稠，将热的糖水倒入，继续抽打至混合物冷却为止；加入鲜奶油及甜酒，拌均匀后倒入舒芙蕾模具内，放进冰箱冷冻存放。冷舒芙蕾的成型方法除了在模具内完成之外，还可以二次成型。所谓二次成型，就是利用冷舒芙蕾的特性，在舒芙蕾冷冻凝固之后，利用其他工具切割或者用冰激凌勺来挖，来达到最后成型的目的。②热舒芙蕾：热舒芙蕾烘烤的温度一般在 180 摄氏度左右，时间约 20 分钟。烘烤时间的长短和舒芙蕾所用的模具大小有着密切的关系，在相同的温度下，模具大，所需的时间就长，反之则短。具体制作方法是将牛奶和糖放入锅内加热到滚沸为止；将黄油和面粉放入沸腾的牛奶；混合加热至黄油熔化。搅拌成光滑的糊状物；将煮开的牛奶冲到黄油和面粉的混合物内，并不断地搅拌，然后离火，冷却待用；抽打蛋白直至挺拔，将蛋白倒入牛奶、黄油混合物中，拌均匀；将拌好的面糊倒入刷油的舒芙蕾模具中，放入 180～200 摄氏度炉中烘烤。

（3）操作要领。①冷舒芙蕾成型时要注意卫生，放入模具后，应在冰箱冷冻室内完成。在制作热舒芙蕾时，用牛奶冲面粉和黄油时，要不停地搅拌，不能起疙瘩。②用于烘烤舒芙蕾的模具的四周和底部要刷上一层黄油，并撒上一层面粉，以防烘烤时模具粘连，影响起发。

2. 质量标准

（1）制品不生不煳，起发正常，色泽正常。

（2）制品松软香甜，内部无杂物。

（3）制品整齐、端正、不歪、不斜，制品符合卫生标准。

项目目标

掌握舒芙蕾制作技术。

Note

任务一 香草舒芙蕾

图 5-3-1 香草舒芙蕾

任务描述

这是一款制作步骤较为简单的甜品，采用的原料主要有鸡蛋、牛奶、面粉等，因其膨胀主要依靠蛋清且用于定型的面粉极少，因此该甜品出炉后必须马上食用，否则将无法呈现饱满的形态(图5-3-1)。

任务目标

1. 掌握调制蛋黄糊的方法。
2. 掌握打制蛋清糊的方法。
3. 掌握选用模具制作舒芙蕾的方法。
4. 掌握用隔水烘烤法制熟舒芙蕾。
5. 掌握装饰舒芙蕾的方法。

任务实施

❶ 原料配方 牛奶 180 克、糖 20 克、生粉 25 克、鸡蛋黄 30 克、黄油 6 克、香草棒半根、鸡蛋清 60 克、白砂糖 45 克。

❷ 制作过程

(1) 先将鸡蛋黄与糖和香草棒中香草籽、生粉搅拌均匀。

(2) 将牛奶煮沸冲入“(1)”中搅拌均匀再倒入锅里，继续煮熟、煮透，再加入黄油拌均匀，冷却待用。

(3) 将鸡蛋清加白砂糖打发成软性蛋白糖。

(4) 将蛋白糖逐渐拌入蛋黄奶糊中，拌匀即可。

(5) 将焗斗刷油、沾糖后，再将“(4)”倒入。

(6) 隔水烘烤，上下火 200 摄氏度烘烤 25 分钟左右即可。

任务评价

此甜品色泽金黄、奶香浓郁、甜而不腻、绵软松发、入口即化。

注意事项

1. 操作第一步时应将鸡蛋黄、白砂糖、生粉等搅拌至发白。
2. 搅打鸡蛋清时机器速度不要太快，使鸡蛋白形成稳定的结构。
3. 隔水烘烤，水量不宜超过焗斗的三分之一。

任务二　巧克力舒芙蕾

任务描述

巧克力舒芙蕾是一款非常受欢迎的甜点，浓郁的巧克力香味和绵软的舒芙蕾质感相融，使它产生了不同的风味特色（图 5-3-2）。

图 5-3-2　巧克力舒芙蕾

任务目标

掌握巧克力舒芙蕾的制作方法。

任务实施

❶ 原料配方　牛奶 210 克、糖 20 克、生粉 25 克、鸡蛋黄 30 克、黄油 6 克、可可粉 5 克、黑巧克力 25 克、鸡蛋清 60 克、白砂糖 45 克。

❷ 制作过程

先将鸡蛋黄与白砂糖、可可粉、生粉搅拌均匀。其余制作过程与本项目任务一相同。

任务评价

此甜品体积膨松，巧克力味浓郁，绵软松发，入口即化。

注意事项

1. 应选择可可脂含量较高的黑巧克力。
2. 鸡蛋清与面糊搅拌时，应分 3～4 次加入，以免结块。
3. 成品出炉后应立刻上桌食用，以免塌陷。

任务三　草莓舒芙蕾

任务描述

草莓舒芙蕾是一款广受女性喜爱的甜点。鲜艳的色泽与浓郁的草莓口味相呼应，甜酸适度，入口即化（图 5-3-3）。

任务目标

掌握草莓舒芙蕾的制作方法。

图 5-3-3 草莓舒芙蕾

任务实施

❶ **原料配方** 草莓果蓉 100 克、水 100 克、糖 20 克、生粉 25 克、鸡蛋黄 30 克、黄油 6 克、鸡蛋 60 克、砂糖 45 克。

❷ **制作过程**

(1) 将水、草莓果蓉放火上煮开。

(2) 将鸡蛋黄、白砂糖、生粉搅拌均匀。

其余制作步骤与本项目任务一相同。

任务评价

此甜品色泽美观，酸甜适度，绵软膨松，入口即化。

注意事项

1. 如无草莓果蓉，可用新鲜草莓代替。
2. 此成品出炉后应撒防潮糖粉中和草莓的酸味方可上桌食用。

任务四 双色舒芙蕾

任务描述

草莓与巧克力两种舒芙蕾的融合，为双色舒芙蕾带来了不同寻常的感受，使食客在一个甜品中享受到两种不同的风味(图 5-3-4)。

图 5-3-4 双色舒芙蕾

任务目标

掌握双色舒芙蕾的制作方法。

任务实施

❶ **原料配方** 牛奶 200 克、糖 20 克、生粉 25 克、鸡蛋黄 30 克、黄油 6 克、鸡蛋清 60 克、可可粉 5 克、黑巧克力 20 克、白砂糖 45 克、草莓果蓉 20 克等。

❷ **制作过程**

(1) 将牛奶煮沸。

(2) 将鸡蛋黄、白砂糖、生粉搅拌均匀至颜色发白。

(3) 将“(1)”冲入“(2)”中搅拌均匀，再倒入锅中煮熟、煮透，同时加入黄油拌均匀，冷却待用，同时分成两份，其中一份加入可可粉和熔化的黑巧克力，另一份加入烧开冷却后的草莓果蓉。

(4) 将鸡蛋清加白砂糖搅拌成软性蛋白糖。

(5) 将“(4)”分成两份分别拌入蛋黄糊中。

(6) 将模具刷油、沾糖后，将“(5)”分别装入模具两边，放入烤炉烘烤(隔水)，上下火 200 摄氏度烘烤 25 分钟即可。

任务评价

此甜品有粉红及巧克力色两种颜色，色泽分明，松、香、软、糯、甜。

注意事项

1. 双色舒芙蕾的搭配应考虑口味的搭配。
2. 鸡蛋清打发时加入柠檬汁可使其结构更稳定。
3. 双色舒芙蕾装入焗斗时要注意两种面糊的比例以 1∶1 为宜。

任务五　柠檬舒芙蕾

任务描述

柠檬舒芙蕾也是一款很受女性欢迎的舒芙蕾品种，既源于其酸甜清爽的口感，更源于食用时与香草冰激凌的完美搭配(图 5-3-5)。

图 5-3-5　柠檬舒芙蕾

任务目标

掌握柠檬舒芙蕾的制作方法。

任务实施

❶ **原料配方**　柠檬果蓉 100 克、柠檬汁 50 克、水 50 克、糖 20 克、生粉 25 克、鸡蛋黄 30 克、黄油 6 克、鸡蛋清 60 克、白砂糖 45 克。

❷ **制作过程**

(1) 将柠檬汁、水、柠檬果蓉放火上煮开。

(2) 将鸡蛋黄、白砂糖、生粉搅拌均匀至颜色发白。

(3) 将牛奶煮沸冲入“(1)”中搅拌均匀再倒入锅里，继续煮熟、煮透，再加入黄油搅拌均匀，冷却待用。

(4) 将鸡蛋清加白砂糖打发成软性蛋白糖。

(5) 将蛋白糖逐渐拌入蛋黄糊中，拌匀即可。

(6) 将焗斗刷油、沾糖后，再将“(4)”倒入。

(7) 隔水烘烤，上下火 200 摄氏度烘烤 25 分钟左右。

任务评价

此甜品色泽金黄，口感清爽，酸甜适中。

注意事项

1. 如无柠檬果蓉,可用新鲜柠檬果肉替代(如需增加香味,可适当放入少许柠檬皮,柠檬皮应在舒芙蕾面糊制作完成后拌入)。

2. 此成品配合香草冰激凌食用,口味更佳。

项目四

其他餐后甜点

项目导论

餐后甜点是为了在用餐之后给予食客一些口味上的变化，使其由咸味为主的口味转变为以甜味为主的口味。甜味能增加顾客的愉悦感，为此次的进食带来美好的感受。对于甜品的要求并没有太多的规定，但是也有其自身的规则，如甜品用料不能太油腻、体型不能太大，点到为止，最好能给顾客带来意犹未尽的感觉。

项目目标

掌握其他种类餐后甜点的制作技术。

任务一　迷迭香奶冻草莓冰激凌

任务描述

这是一款口味清新且很特别的冰激凌，其主体虽然是香草冰激凌，但是因为奶冻中有迷迭香的咸味，少司中有草莓的存在，让顾客能感受到香、甜、糯、冰、爽的复合滋味(图 5-4-1)。

图 5-4-1　迷迭香奶冻草莓冰激凌

任务目标

1. 掌握调制奶冻的方法。
2. 掌握加工草莓少司的方法。
3. 掌握选用模具制作甜品的方法。
4. 掌握装饰冰激凌甜品的方法。

任务实施

❶ 原料配方

(1) 奶冻原料配方：淡奶油 250 克、牛奶 200 克、幼糖 50 克、白朗姆酒 5 克、明胶 10 克、迷迭香 2 克。

(2) 草莓冰激凌少司原料配方：冷冻草莓 200 克、冰格冷冻牛奶 200 克、炼乳 60 克、淡奶油 60 克。

❷ 制作过程

(1) 奶冻。①淡奶油、牛奶、幼糖、迷迭香煮开,过筛,加入泡好的明胶,降温待用。②加入白朗姆酒。③倒入模具,冷藏成型。

(2) 草莓冰激凌少司。①将材料加入粉碎机,选择速度 6 档,搅拌 10 秒(如速度选择 10 档,则搅拌 30 秒)。②将冰激凌挖球放至奶冻上进行装盘装饰即可。

任务评价

此甜品色泽淡粉、口感清爽、香甜,层次丰富。

注意事项

1. 白朗姆酒应在液体降温后加入。
2. 奶冻液体温度不宜过低。

任务二 黑森林蛋糕

图 5-4-2 黑森林蛋糕

任务描述

黑森林蛋糕是德国著名的甜点,制作原料主要有无粉蛋糕、鲜奶油、樱桃酒等,是受德国法律保护的甜点之一,它融合了樱桃的酸、奶油的甜、樱桃酒的醇香(图 5-4-2)。

完美的黑森林蛋糕经得起各种顾客对口味的挑剔,它被称作黑森林的特产之一,德文原意为"黑森林樱桃奶油蛋糕"。正宗的黑森林蛋糕更为突出的是樱桃酒和奶油的味道。

任务目标

1. 掌握制作无粉蛋糕坯的方法。
2. 掌握调制奶油糊的方法。
3. 掌握选用模具制作黑森林蛋糕的方法。
4. 掌握选用酒制作蛋糕的方法。
5. 掌握用巧克力装饰蛋糕的方法。

任务实施

❶ 原料配方

(1) 无粉蛋糕坯原料配方:蛋黄 6 个、全蛋 1 个、黑巧克力 70 克、蛋清 6 个、幼糖 100 克、可可粉 40 克。

(2) 白奶油原料配方:淡奶油 200 克、幼糖 20 克、马斯卡布尼 20 克。

(3) 杏仁片装饰原料配方:糖粉 60 克、黄油 50 克、葡萄糖 18 克、杏仁片 70 克。

(4) 夹层原料配方：水 20 克、糖 20 克、柠檬 1/4 个、咖啡粉 1 克、明胶 3 克、咖啡酒 1 克、酒渍樱桃 20 个、樱桃 1 个。

❷ 制作过程

(1) 无粉蛋糕坯。①蛋黄加全蛋打发。②黑巧克力熔化，加入打发的蛋黄。③蛋清加幼糖打发。④可可粉加入打发的蛋清。⑤将蛋黄巧克力混合液和蛋清可可粉混合液拌匀。⑥装入 6 寸蛋糕模具中烘烤，上下火 160 摄氏度，烘烤 45～60 分钟。

(2) 白奶油。将淡奶油加马斯卡布尼和幼糖打发。

(3) 夹层。①将水、糖、咖啡粉入锅煮，煮至一半时加入柠檬汁煮沸，过筛。②将液体冷却，加入咖啡酒和泡好(半小时)的明胶。③将液体倒入用锡纸包裹的 6 寸慕斯圈中，冷却待用。

(4) 杏仁片装饰。①糖粉、黄油、葡萄糖煮开，烧至冒大泡。②将杏仁片加入烧开的液体中。③入烤盘抹平，进上下火 200 摄氏度的烤箱，烤 10 分钟。

(5) 组装。①将 6 寸慕斯圈边上围上慕斯专用的塑料围边，无粉蛋糕批成 2 厘米厚的蛋糕片放入慕斯圈中。②在蛋糕上刷上糖水，裱上白奶油，放上酒渍樱桃，再铺上一层蛋糕，刷上糖水，将咖啡夹层放在蛋糕上，再加上一层蛋糕，刷上糖水，再抹上白奶油，入冰箱冻硬。③将冻硬的蛋糕取出，抹上白奶油，用巧克力碎将蛋糕完全覆盖，在蛋糕的表面裱上白奶油，放上樱桃和杏仁片，将蛋糕切成 6 块即可。

任务评价

此蛋糕层次分明，装饰独特，口味融合了樱桃的酸、奶油的甜、樱桃酒的醇香，是一款很有特色的蛋糕。

注意事项

1. 制作无粉蛋糕时，搅打蛋清的稳定性非常重要，要求中性发泡。
2. 白奶油不宜打久，会使奶油打过而水油分离。
3. 明胶应放入冰水泡发。
4. 酒渍樱桃需要购买正宗品牌，蛋糕的口味才能更好。
5. 蛋糕组装时白奶油每一层都需要分量一致以保证蛋糕中的夹层厚薄一致。

任务三　歌剧蛋糕

任务描述

关于这款蛋糕的起源，有两种不同的说法。一种说法认为，此款蛋糕是由法国的一家点心咖啡店研发出的人气甜点。因为非常受欢迎、店址又位于歌剧院旁，所以干脆将此甜点称为“opera”，法文的意思即为歌剧院，也就是我们所称呼的欧培拉。另一种说法认为，欧培拉蛋糕由 1890 年开业的 Dalloyau 甜点店最先创制，由于形状正正方方，表面淋上一层薄薄的巧克力，就像歌剧院内的舞台，而饼面缀上一片金箔，象征歌剧院里的加尼叶(原是巴黎著名歌剧院的名字)，因此得名。传统上，法国西点师傅会在蛋糕上写上自己的名字或者“opera”，后来也有人在上面画个五线谱乐符，但无论是哪一款设计都充满了音乐、歌剧院的色彩(图 5-4-3)。

图 5-4-3　歌剧蛋糕

任务目标

1. 掌握制作蛋糕的方法。
2. 掌握调制巧克力馅心的方法。
3. 掌握选用酒制作蛋糕的方法。
4. 掌握用巧克力装饰蛋糕的方法。

任务实施

❶ 原料配方

(1) 蛋糕制作原料配方:全蛋 10 个、幼糖 280 克、杏仁粉 170 克、蛋糕粉 110 克 、黄油 50 克、蛋清 220 克。

(2) 巧克力馅心原料配方:淡奶油 400 克、黑巧克力 400 克、白巧克力 150 克。

(3) 咖啡奶油原料配方:白巧克力 370 克、黄油 450 克、咖啡 7 克。

(4) 咖啡糖水原料配方:咖啡 70 克、糖 100 克、水 310 克、咖啡酒 40 克。

(5) 巧克力淋面原料配方:淡奶油 200 克、葡萄糖浆 10 克、黑巧克力 150 克、明胶 5 克。

(6) 底层原料配方:黑巧克力 150 克。

❷ 制作过程

(1) 蛋糕制作。①将 10 个全蛋、170 克幼糖混合后打发。②将杏仁粉、蛋糕粉混合后过筛。③将黄油熔化后加入"①②"中。④将蛋清和 110 克幼糖混合后打发。⑤将以上全部混合拌匀。⑥将"⑤"倒入烤盘抹平成 1 厘米厚度的蛋糕片,放进烤箱,上下火温度调至 200 摄氏度,烤 15 分钟。

(2) 巧克力馅心。淡奶油烧开,冲入黑、白巧克力,搅拌至熔化。

(3) 咖啡奶油。①白巧克力熔化。②黄油打发。③将白巧克力加入黄油中。④将咖啡加入白巧克力黄油中。

(4) 咖啡糖水。①咖啡加糖加水、煮至糖熔化,冷却。②将咖啡酒加入冷却的糖水中。

(5) 巧克力淋面。①淡奶油加葡萄糖浆煮沸,冲入黑巧克力,拌匀。②将泡好的明胶加入拌匀。

(6) 组合。①在蛋糕上抹上巧克力,放入冰箱冷却。②将巧克力面向下放置,在蛋糕上喷上咖啡糖水,抹上咖啡奶油,再加一层蛋糕,喷上咖啡糖水,抹上咖啡奶油,以此类推,共叠 4 层蛋糕,入冰箱冷冻至完全冻硬。③将巧克力淋面淋在蛋糕上,冷藏至表面凝结。④将蛋糕切成所需大小,装饰点缀即可。

任务评价

这款经典的法式风格的甜点,浸着咖啡酒糖液的杏仁海绵蛋糕层柔软湿润,搭配香味浓郁的咖啡奶油馅,表面用巧克力作为装饰。它将咖啡的香醇、奶油的香馥以及巧克力的浓郁契合得恰到好处,让层层美味萦绕在舌尖。

注意事项

1. 熔化巧克力时,注意巧克力不能接触到水,水会使巧克力水油分离。

2. 打发蛋清时,容器要无水无油。
3. 蛋糕抹成厚薄均匀的 1 厘米厚片,烘烤时注意炉温与烘烤的时间,以免将蛋糕烤成脆片。

4. 在蛋糕上淋巧克力淋面时要注意淋面的温度，温度为 35 摄氏度左右最佳。
5. 切割蛋糕时，一定要将刀具烧热再进行操作，否则蛋糕容易断裂。

任务四　巧克力榛子蛋糕

任务描述

这款蛋糕以巧克力、榛子酱、杏仁粉、鸡蛋、可可粉、面粉、动物奶油为原料制作而成，其工艺复杂、形态美观、口味独特，是巧克力口味蛋糕中的佳品（图 5-4-4）。

图 5-4-4　巧克力榛子蛋糕

任务目标

1. 掌握制作蛋糕的方法。
2. 掌握调制巧克力夹心的方法。
3. 掌握用巧克力酱裱制蛋糕的方法。
4. 掌握制作装盘配件的方法。

任务实施

❶ 原料配方

（1）巧克力榛子奶油原料配方：淡奶油 90 克、榛子酱 40 克、黑巧克力 20 克、明胶 2 克。

（2）蛋糕坯原料配方：牛奶 35 克、榛子酱 30 克、杏仁粉 60 克、幼糖 25 克、蛋黄 25 克、黄油 15 克、蛋清 40 克、转化糖 35 克、低筋粉 10 克。

❷ 制作过程

（1）巧克力榛子奶油。①淡奶油烧至 60 摄氏度，加入黑巧克力。②淡奶油加入榛子酱打均匀至无颗粒。③明胶熔化，加入“②”。④留其中 60 克，作表面装饰用。

（2）蛋糕坯。①将牛奶、榛子酱、杏仁粉、幼糖、蛋黄、黄油全部融合，搅拌均匀。②将蛋清和转化糖融合打发至中性发泡。③将低筋粉过筛。④将“①”和“③”拌匀。⑤将“②”分次拌入“④”中。⑥将“⑤”放入烤盘，抹平，放入烤箱中，将上下火温度调至 180 摄氏度，烤 12～14 分钟。

（3）组合。①蛋糕片加工成大小相同的 3 条。②将蛋糕片上喷上糖水，巧克力榛子奶油抹在一片蛋糕坯上，再加一片蛋糕片，再喷上糖水，抹上巧克力榛子奶油，以此类推制作成三层，将预留的巧克力榛子奶油裱在蛋糕的表面，进行装饰即可。

任务评价

这款蛋糕形态美观，绵软的巧克力蛋糕中带有浓浓的榛子风味，与沾有糖衣的榛子粒一起食用，口味更为独特。

扫码看视频

注意事项

1. 拌好的奶油榛子酱，要注意冷却，不宜过冷过硬，否则装饰蛋糕时会有问题。
2. 要选用榛子含量高的榛子酱，否则会影响蛋糕的口感和形态。

模块六

菜点装盘与装饰

项目一

菜点装盘与装饰基础

本模块课件

项目导论

西餐装盘与装饰技术是将已经烹制好的西餐菜点，运用一定的美学手法，盛装到盛器中的技术。

西餐有一句话，you first eat with your eyes。大意是，在你用餐的时候，你的眼睛第一个在品尝。西餐每一道菜都非常讲究第一印象，如果这道菜摆盘精美，自然能令食客为之一振。

在人们尚未品尝到鲜香美味之前，首先认知的是菜肴的视觉形象。在当今的"视觉时代"，人们85%以上的认知活动来源于视觉，这也使得菜肴和点心的视觉形象得到越来越多的重视。同样价格的一道菜，不同的摆盘和装饰，给人的感受可能有天壤之别，精致的摆盘会让人惊艳，失败的摆盘会让人食欲全无。

项目目标

1. 掌握西餐菜点装盘与装饰原则。
2. 掌握西餐菜点装盘与装饰的方法与技巧。
3. 掌握独立完成西餐菜点基本的装盘和装饰的技术。

任务一　西餐装盘与装饰原则

西餐装盘与装饰是西餐制作成菜的最后一道工序。装盘的艺术美化增强了顾客对西餐菜点的艺术感受。在上菜后，能给顾客带来愉悦、美观的感觉，有利于促进食欲，增进进餐气氛，从而进一步增加人们的就餐享受。西餐装盘与装饰一般遵循以下基本原则。

一、干净卫生、装盘讲究

西餐菜肴在制作和装盘时，应严格遵守卫生标准及保证食品的消毒、杀菌等。主要表现在以下几点。

（1）处理生、熟原料的刀具、菜板和盛器等，要分开使用，严格控制病从口入和原料间的交叉污染。

（2）冷盘装盘时，操作人员要戴口罩、使用工具（如食品夹、分菜刀、分菜叉和一次性消毒手套等）。

（3）所有加工好的冷菜或冷少司，均应密封后，置于冷藏柜中冷藏备用，以免变质。

（4）所有热菜类主菜菜肴的盛器，必须清洗干净，在出菜前置于保温柜中加热保温（约50摄氏度）备用，以保证热的主菜菜肴装盘时，风味不会因为温度降低而损失。

（5）菜肴都应该装在盘中，不可将少司或者汤汁溅在盘的周边，若盘沿有汤汁，应用消毒纸巾擦拭干净。

二、主辅料分明，色彩丰富，成菜美观、精致，讲究立体造型

(1) 西餐的摆盘，强调菜肴中原料的主次关系，主料与配料层次分明，和谐统一。

(2) 西餐着重于将已经烹制好的菜肴原料，以各种几何、立体的图案，造型于盘中，追求简洁明快的装盘效果。

(3) 西方菜肴的盘饰，多用天然的、可食的花草，以体现自然之美。西餐强调，放在菜盘中的装饰原料和菜肴，不仅可以用来欣赏，还要具有可食用性。

三、注重菜肴自身色、形的美观和搭配

西餐菜肴装盘时，通常运用丰富多样的原料，利用原料间特有的色彩和形状，进行适当的组合和搭配，使菜肴的成菜色彩鲜艳、形态美观。例如，香草油醋汁(将什锦香草切碎，加入油醋汁中拌匀制成)具有色彩翠绿、香味浓厚、咸酸开胃、适口宜人的特点。在为菜肴调味的同时，厨师常常也在盘中进行不同形式的图案造型，对菜肴起到视觉上的美化作用。

四、装盘分量适中、精巧细致

西餐菜肴装盘采用分餐制，每一份菜肴只供一位顾客食用，菜肴的分量不宜过大，避免浪费。

任务二　西餐菜点装盘与装饰方法

一、确定菜品的聚焦点，注意留白

菜品的聚焦点，就是这道菜的焦点同时也是中心点，这个点不一定要在盘子的中心。一般来说，菜品中的主菜要放在装盘中显眼的位置。例如，煎西冷牛排黑胡椒少司，牛排主菜应放置在盘的中心，其他配菜如土豆、西兰花等放置在一侧。西餐摆盘要有方向性，可以将叠得最高或者本身体积最大的食材，放在盘子后半部分，也就是离顾客较远的地方；堆得最低的食材，放在盘子前面的位置，但不要放在盘子的中心位置。大型原料装盘时，也可以放置在盘的中心位置，配菜放置在两侧或者多侧，这样能够显示出中心菜肴的丰富性(图 6-1-1)。另外，留白也是菜点摆盘的要点之一，对于菜肴的美感来说，器皿的留白的比例是非常重要的。原则上夏季器皿留白多，冬季留白少(图 6-1-2)。

图 6-1-1　突出主料形成聚焦点

图 6-1-2　摆盘留白

二、展现食材的原始纹理，突出材质

纹理和材质也是菜品一个很重要的特质，它们不仅仅影响菜品外观，也影响口感。通常食材中

纹理和材质搭配原则有“软的对应硬的”“粗糙的对应顺滑的”“干燥的对应黏性的”等。食材的纹理和材质可以直接选取天然的，也可通过后期加工，包括使用不同的烹调方法来改造。例如，可将主食材对切、切片，以展现它们清晰的纹理，而配菜可以片状、泥状、粉状等形态呈现（图 6-1-3）。装饰材料也可以通过加工，呈现不同的纹理和质感，如在细嫩的白色扇贝四周，配上两片炸过之后呈现出脆状的新鲜罗勒，这样可以展现菜肴多层次、多口感的交融。

三、强调配菜的合理搭配，体现整体

配菜是西餐菜肴装盘中最重要的元素之一，不仅能美化菜品的外观，同时也可以提升菜肴味道的层次感（图 6-1-4）。选择配菜时要注意以下几点。

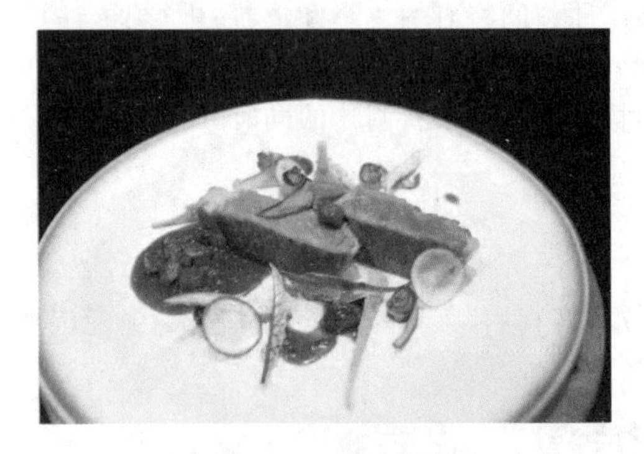

图 6-1-3　展示纹理

图 6-1-4　体现整体

（1）配菜要可食，任何不能食用的东西不可作为配菜。

（2）配菜的特性与主菜要符合搭配，比如橙子配鸭胸、樱桃配鹅肝、柠檬配炸鱼柳等。

（3）配菜的味道和呈现方式不能喧宾夺主，一般不要选择味道过重的食材，以达到从味道和表现形式上突出菜品主料的目的。

（4）配菜不宜过大，大小要合适，一般体积小于主料的体积。

（5）配菜要提前准备，充分考虑合理性，要与整道菜肴的风格相配搭。

图 6-1-5　利用少司装饰

四、利用少司的不同形态，呈现美感

少司有不同的形态，它可以增加菜肴的延伸效果（图 6-1-5）。少司与主菜的巧妙结合，会激发出食材的自然品位，既能够突出主菜的特色，也会实现增强局部美感的效果。搭配时，食材可以选择一种少司，也可以选择多种少司，以增加整体美感。摆盘时，少司的技术呈现，可以利用辅助工具，比如调羹、牙签、裱花袋、酱汁挤压瓶等。

任务三　西餐菜点装盘与装饰技巧

一、巧用“点”

菜品在餐盘中的呈现，往往是从一个点开始的，连续的点会形成线的感觉，再由这些点与线的集合形成菜品的面。大小不同的点也会呈现出深度与层次感，几个间距不同的点，则可能会产生虚面

的效果，再结合食材和盘饰的自然美、装饰美、工艺美和意境美，来逐一展现菜品的视觉形象，由此可见，“点、线、面”就是菜点装盘的精髓所在(图 6-1-6、图 6-1-7)。

图 6-1-6　巧用“点”之一

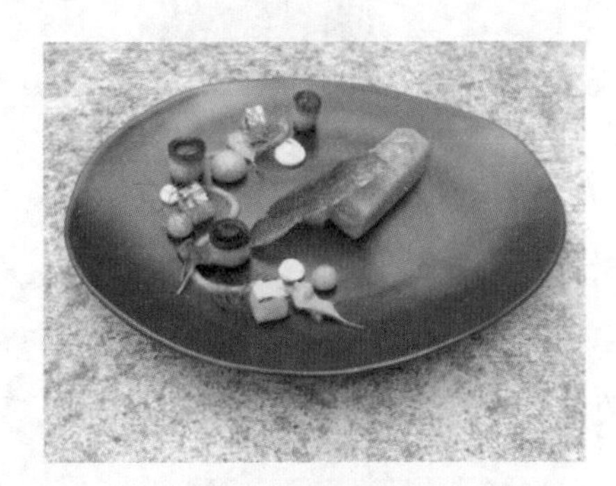

图 6-1-7　巧用“点”之二

二、重视器皿的搭配

盘子，作为摆盘技术中最基本、最关键的架构，其样式决定了菜肴的摆盘方式和艺术表现方式(图 6-1-8)。盘子依据形状可分为圆形盘、椭圆形盘、长方形盘、不规则形盘等。依据材质构造可分为陶瓷盘、玻璃盘、木质盘、金属盘、石材盘等。应根据菜肴和点心的特点，选配不同的器皿。

盛放主菜时，白色且尺寸较大的餐盘是主流，这是因为白色餐盘更容易展现食材本身的自然色泽和形态，大尺寸盘面空间宽广，容易塑造出各种视觉上的艺术感。

图 6-1-8　器皿搭配

三、重视食材颜色搭配

在菜品摆盘时，要关注食材间颜色的搭配和层次感。一般来说，绿色食材给人以新鲜、自然、健康和清新的感觉，有利于稳定心情和舒缓紧张的情绪。红色食材的视觉冲击力较强，给人以热烈、激情和兴奋的感觉(图 6-1-9)。黑色食材则给人厚重、沉稳、内敛和高雅的感觉。食材颜色搭配的要点如下。

(1) 暖色系的颜色会促进食欲的提升，如黄色、橙色等(图 6-1-10)。

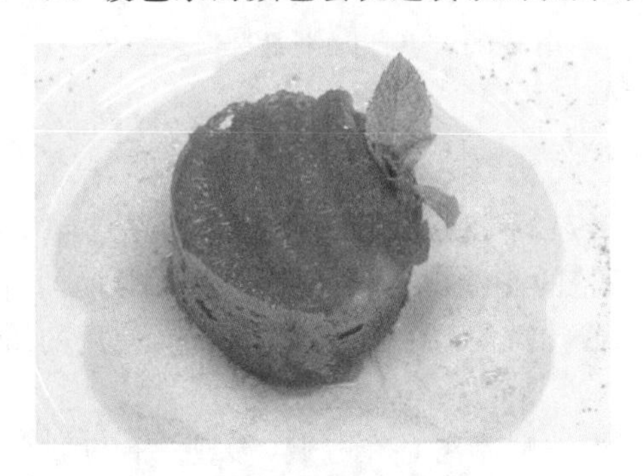

图 6-1-9　食材颜色搭配

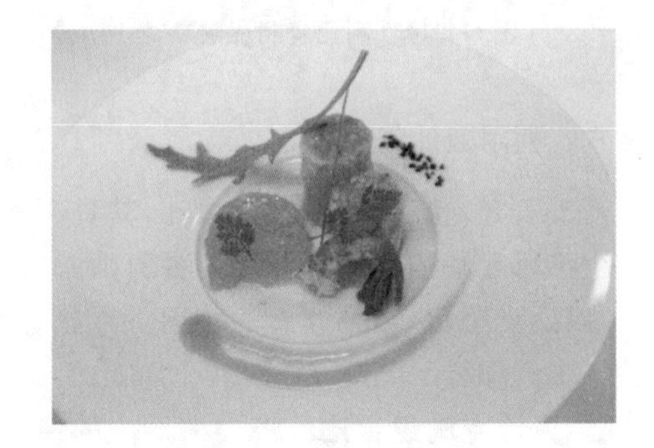

图 6-1-10　暖色食材搭配

(2) 同一道菜在餐盘中呈现的颜色宜少不宜多，一般的颜色搭配为“主色＋副色＋点缀色＋中性色”(图 6-1-11)。

(3) 对比色(图 6-1-12)的合理搭配比相近色更有视觉冲击力，相近色的几种颜色搭配，更容易使整道菜品配色和谐。

图 6-1-11　主色＋副色＋点缀色＋中性色

图 6-1-12　对比色

图 6-1-13　食物整齐摆盘法

四、食物整齐摆盘法

一道菜肴做摆盘时，整齐排列是一种比较简易的方法。大师级别的厨师，可以使用类似泼墨一样的手法，随心所欲地给菜肴摆盘。但对于西餐新手来说，采取整齐摆盘的方式，更加简单(图 6-1-13)。

五、利用食材作装饰

很多食材的颜色和质地带有天然的美感，当我们在做菜品装饰时，要充分利用食材自身的天然特性，比如各种沙拉叶的颜色和形状都不同(图 6-1-14、图 6-1-15)。

图 6-1-14　利用食材做装饰之一

图 6-1-15　利用食材做装饰之二

六、利用酱汁作装饰

西餐酱汁，也称为少司、调味汁，其具有不同的色彩和形态，不仅是菜肴的调味汁，也是菜肴装饰的一个不可或缺的组成部分。西餐厨师常常将各种颜色鲜艳的酱汁，在盘中制作成各种美丽的造型图案，以达到美化、装饰菜肴的作用。在摆盘装饰过程中，酱汁扮演着非常重要的角色，使用的组合方法也多种多样。

❶ **酱汁点滴组合法**　将大小不一的酱汁点滴按照规律的顺序组合在一起，形成一种渐进的视觉效果，从而增加盘饰的灵动性(图 6-1-16)。

❷ **酱汁线条法**　利用酱汁自身的色泽和质地，在餐盘内以自然的线条作为装饰，同时搭配色彩对比明显的配菜。可以根据菜品的不同做出不同形状的线条，如长条形、圆形、之字形等(图 6-1-17、图 6-1-18、图 6-1-19)。

❸ **酱汁勾画法**　酱汁勾画法是最常见的酱汁装饰法，要求酱汁要有一定的浓稠度，使用勺子或其他辅助工具轻轻画出优美的弧线(图 6-1-20)。

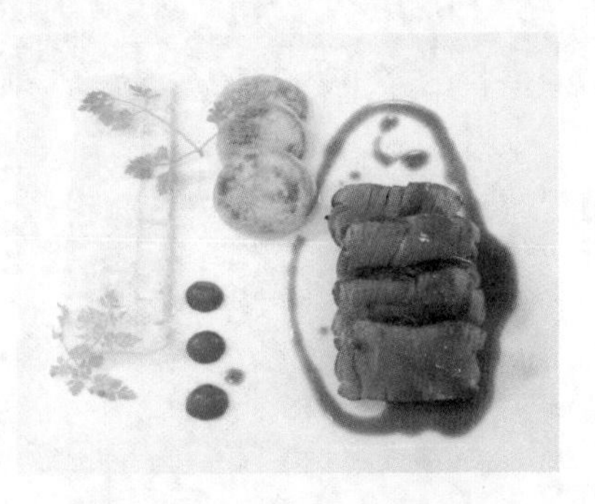

图 6-1-16　酱汁点滴组合法

图 6-1-17　酱汁线条法之一

图 6-1-18　酱汁线条法之二

图 6-1-19　酱汁线条法之三

图 6-1-20　酱汁勾画法

④ **其他酱汁法**　除了上述三种常用的酱汁法外，其他的方法还有很多，如杯压法、摔酱法等。

项目二

冷菜装盘与装饰案例

项目导论

装盘与装饰，是西餐冷菜的最后一道工序。通过装盘艺术美化后的西餐冷菜，不仅增强了美食的艺术感受，也能给食客带来愉悦、美观的感觉，有利于促进食欲，增进进餐氛围，从而进一步增加人们的就餐享受。

项目目标

1. 掌握西餐冷菜装盘方法。
2. 掌握西餐冷菜装饰方法。

任务一 牛肉龙虾沙拉配帕玛森芝士片

图 6-2-1 牛肉龙虾沙拉配帕玛森芝士片

任务描述

本任务学习牛肉龙虾沙拉配帕玛森芝士片的制作(图 6-2-1)。

任务实施

(1) 将芥末酱均匀地抹在盘上，将冷冻牛肉嫩腰在切割机上薄切，并在盘上排成圆形(图 6-2-2、图 6-2-3)。

(2) 将龙虾肉和蛋黄酱与彩椒混合，调味后将其模压成直径 5 厘米、高 3 厘米的环，放在盘中生牛肉片的顶部(图 6-2-4、图 6-2-5)。

(3) 在不粘锅中制作一个酥脆的帕玛森芝士片(图 6-2-6)。

图 6-2-2 抹芥末

图 6-2-3 放牛肉片

（4）取下模具（图 6-2-7）。

（5）在沙拉上面放上酥脆的芝士片、生菜，加入橄榄油，在帕尔玛干酪上形成花束状，在牛肉上撒上橄榄油和胡椒粉即可（图 6-2-8）。

图 6-2-4　制作龙虾沙拉

图 6-2-5　虾沙放在模具中

图 6-2-6　制作帕玛森芝士片

图 6-2-7　取下模具

图 6-2-8　成型

任务二　腌扇贝鳄梨沙拉

任务描述

本任务学习腌扇贝鳄梨沙拉的制作。

任务实施

（1）将柑橘汁、洋葱、香菜和孜然粉放入碗中，加入橄榄油，将鳄梨切成小块，混合均匀，用盐和黑胡椒调味（图 6-2-9）。

（2）将酸橙汁、米酒醋、姜、鱼露和黑胡椒放在碗里，放入扇贝腌制 30 分钟，将腌制好的扇贝切片（图 6-2-10）。

图 6-2-9　调制沙拉

图 6-2-10　切片

(3) 用模具将鳄梨沙拉放在盘子中央，取出模具(图 6-2-11、图 6-2-12)。

(4) 将切好的扇贝放在鳄梨沙拉上，稍微重叠，周围淋上西班牙冷菜酱汁，用香菜叶装饰即可(图 6-2-13)。

图 6-2-11　沙拉放入模具

图 6-2-12　取出模具

图 6-2-13　成型

任务三 熏鲑鱼西番莲卷

任务描述

本任务学习熏鲑鱼西番莲卷的制作。

任务实施

(1) 将黄瓜切成薄片，在桌子上并排成 3 层，将黄瓜片卷成圆锥形状(图 6-2-14、图 6-2-15)。

(2) 将生菜混合，捆成花束状(图 6-2-16、图 6-2-17)。

(3) 将生菜捆放入黄瓜锥中(图 6-2-18)。

(4) 将三文鱼卷切成锥形，将生菜锥放在中间(图 6-2-19、图 6-2-20)。

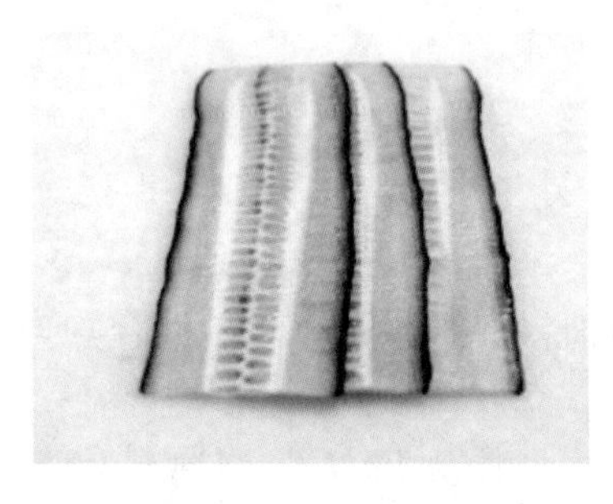

图 6-2-14　黄瓜切片

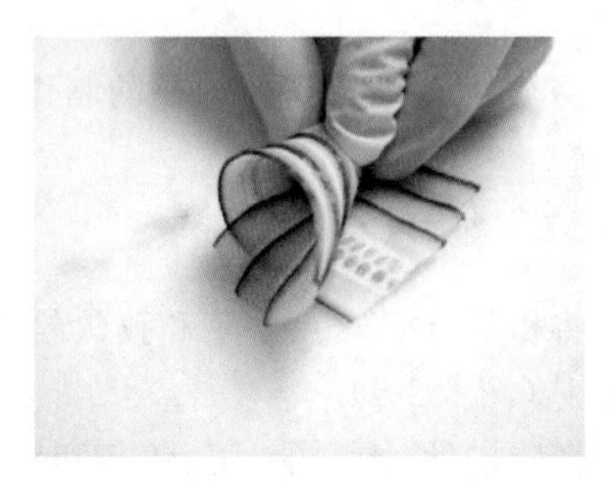

图 6-2-15　黄瓜片卷起

图 6-2-16　生菜卷起

图 6-2-17　生菜成束

(5) 将葱末放入油醋汁中混合，在盘中的三文鱼卷周围浇上少许油醋汁即可(图 6-2-21、图 6-2-22)。

图 6-2-18 生菜卷入黄瓜内

图 6-2-19 三文鱼卷切成锥形

图 6-2-20 生菜锥放在中间

图 6-2-21 葱末放入油醋汁中

图 6-2-22 成型

任务四 亚洲鸭肉沙拉配法式薄饼薰衣草芥末酱

任务描述

本任务学习亚洲鸭肉沙拉配法式薄饼薰衣草芥末酱的制作。

任务实施

(1) 把洋葱、西红柿、烤鸭和黄瓜切成条，放冰箱备用(图 6-2-23)。

(2) 将蜂蜜、芥末、醋等调味料放在碗中混合在一起，放入橄榄油搅拌，把所有的蔬菜和鸭肉放在碗里，用调味料调味(图 6-2-24、图 6-2-25)。

(3) 把薄饼放在盘子里，然后将沙拉堆在上面(图 6-2-26)。

(4) 在盘中装饰一些生菜，并在周围喷洒一些剩余的酱汁即可(图 6-2-27)。

图 6-2-23 洋葱、西红柿、烤鸭和黄瓜切成条

图 6-2-24 调味

图 6-2-25 拌制

图 6-2-26　薄饼放盘子里，沙拉堆在上面

图 6-2-27　成型

项目三

热菜装盘与装饰案例

项目导论

大部分的西餐热菜，都由配菜、主料和少司三部分组成。因此，西餐热菜的装盘与装饰技术，要注意三者之间的和谐搭配。

1. 主料装盘与装饰　西餐的主料，一般是指蛋白质含量比较多的原料，如牛肉、鸡肉等，在装盘和装饰时，注意突出主料在盘中的地位，不可喧宾夺主。

2. 配菜装盘与装饰　西餐的配菜，是指菜肴中相对于肉类主料以外的其他原料，有搭配口味、辅助装饰造型、完善菜肴营养成分等作用。它主要由各种蔬菜、水果或米面等为原料制作而成。

西餐菜肴的配菜选料多样，搭配灵活。由于西餐菜肴的主料、配料和少司，通常是单独烹调后，再分别装在盘中组合，彼此之间相互配合又独立存在，因此菜肴的配菜可以根据厨师或顾客的要求或者根据季节等进行变化，组合成各种不同的菜肴装盘形式。其装饰技艺灵活多变，容易体现厨师的创造性，对于同一种菜肴，厨师可以表现出各种不同的新意来。

3. 少司装盘与装饰　西餐少司具有不同的色彩和形态，在应用中不仅是菜肴的辅助调味汁，还是菜肴装饰的一个不可或缺的组成部分。西餐厨师常常将各种颜色鲜艳的调味少司，在盘中制作成各种美丽的造型图案，以达到美化、装饰菜肴的作用。

项目目标

1. 掌握西餐热菜装盘方法。
2. 掌握西餐热菜装饰方法。

任务一　菲力牛扒配黑椒汁

任务描述

本任务学习菲力牛扒配黑椒汁的制作。

任务实施

(1) 牛排用少许盐和黑胡椒腌制，将腌制好的牛排扒至七成熟，且两面具有焦纹状。将牛扒切成三份，拼叠在盘中，展现牛扒的纹理，黑椒汁倒入少司碟后将其置于盘子右上角(图 6-3-1)。

(2) 大蒜带皮对半切开，圣女果对半切开，撒少许橄榄油，置于烤箱烤至大蒜切面金黄、圣女果

表皮干燥备用。芝麻菜加少许橄榄油用盐、胡椒调味备用。

(3) 将烤好的大蒜斜靠在牛扒右上角，切面朝上，芝麻菜放置于牛扒上面，两片烤好的圣女果均匀地放置两侧即可(图 6-3-2)。

图 6-3-1　牛扒切成三份拼叠在盘中

图 6-3-2　装饰

任务二　煎三文鱼配土豆泥和番茄少司

任务描述

本任务学习煎三文鱼配土豆泥和番茄少司的制作。

任务实施

(1) 餐盘内分别摆上土豆泥和煎烤熟的三文鱼柳(图 6-3-3)。

(2) 在土豆泥上错落地摆上不同颜色、质地的装饰叶，突出装饰叶与土豆泥色彩的对比以及高低错落的立体感(图 6-3-4)。

(3) 将番茄少司淋在三文鱼上，出菜前淋上少许橄榄油、海盐片和胡椒碎即可(图 6-3-5)。

图 6-3-3　摆上土豆泥和三文鱼柳

图 6-3-4　突出色彩的对比以及立体感

图 6-3-5　成型

任务三　嫩煎带子配微型菜苗和香草汁

任务描述

本任务学习嫩煎带子配微型菜苗和香草汁的制作。

任务实施

(1) 选择棕色盘底餐盘,将带子用盐、胡椒粉调味,用煎锅煎熟上色后,整齐地摆在盘子的右侧(图 6-3-6)。

(2) 将两种颜色的微型菜苗混合在一起,摆在盘子的左侧(图6-3-7)。

(3) 在微型菜苗上点缀上杨花萝卜片和三色堇,使颜色的对比更加突出(图 6-3-8)。

(4) 生菜苗上淋柠檬橄榄油醋汁,扇贝上淋上香草汁即可(图 6-3-9)。

厨房卫生

图 6-3-6　放入煎带子

图 6-3-7　微型菜苗摆在盘子左侧

图 6-3-8　点缀上杨花萝卜片和三色堇

图 6-3-9　成型

模块七

西餐菜单

项目一

菜单功能与类型

本模块课件

项目导论

西餐菜单是西餐中可供食用的各种菜点的名称表，是餐厅进行经营管理的手段之一，是餐厅一切活动的总纲。

西餐菜单“menu”在法语中表示为“细致的清单”，是西餐厨师工作资料的标识或工作期望的蓝图，是一条餐厅与顾客沟通的纽带，它连接市场与商品，连接生意和生产，它必须经过多方协调和平衡，以此来达到餐厅所期望的效果。

项目目标

1. 掌握西餐菜单的功能。
2. 掌握西餐菜单的类型及特点。
3. 了解传统西餐菜单和现代西餐菜单的异同点。

任务一　西餐菜单的功能

一、西餐菜单是餐厅选择、购置餐饮设备的依据和指南

生产制作不同风味的菜点，需要有不同规模、类型的厨房设备。餐厅选择购置设备、炊具、工具和餐具，无论是它们的种类、规格，还是质量、数量，都取决于菜单的菜式品种、水平和特色。

二、西餐菜单决定厨师及服务人员的技术水平和人数

菜单内容标志着餐厅服务的规格水平和风格特色，而要实现这些规格水平和风格特色，必须通过厨房烹调和餐厅服务。菜单除决定厨师及服务人员的技术水平要求以外，还决定厨师及服务人员的工种和人数。

三、西餐菜单决定食品原料采购和储存工作的内容

菜单内容规定了采购和储存工作的内容，菜单类型在一定程度上决定着采购和储存的规模、方法和要求。

四、西餐菜单决定餐饮成本的高低

西餐菜单在体现餐饮服务规格水平、风格特色的同时，也决定了餐厅餐饮成本的高低。

五、影响厨房布局及餐厅室内装修和设计

厨房布局和餐厅装饰也同样受到菜单内容的影响。厨房是加工制作餐饮食物的场所，厨房内各业务操作中心的选址，各种设备、器械、工具的定位，应当以适合既定菜单内容的加工制作需要为准则。

六、西餐菜单是研究食品菜类的资料

菜肴研究人员根据顾客点餐的情况，了解顾客的口味、爱好以及顾客对本餐厅菜点的欢迎程度，从而不断地改进菜肴品种和服务质量，为企业盈利打下良好的基础。

任务二　西餐菜单的主要类型

一、按照顾客用餐需求设计的菜单

❶ 零点菜单　“零点菜单”一词源于法语，是西餐厅营销菜品的一种技术性菜单，顾客可根据个人需求，把菜单上的品种，以单个方式自行组合成一餐。零点菜单上的菜品是单个定价的，所有菜品依照订单制作，有等待的时间，依照不同顾客的点餐时间服务。菜品多以人们进餐的习惯进行顺序排列，如开胃菜、汤类、沙拉、主菜、三明治、甜点等(图 7-1-1)。

图 7-1-1　某零点餐厅

❷ 套餐菜单　套餐，是依据顾客的饮食需求，考虑食材的多样、烹调方法的差异，把不同的菜式、颜色、营养、质地、味道及不同价格的菜品，科学合理地组合成一套菜肴清单，并制定出每套菜单的价格。套餐菜单被称为“餐桌上的灵魂”，通常设定好菜肴的道数，为三道菜配咖啡，菜单价钱是固定的，所有的顾客在同一时间服务。如三道菜菜单：头盘、主菜、甜点、茶、咖啡。四道菜菜单：①头盘、汤、主菜、甜点、茶、咖啡；②头盘、主菜 a、主菜 b、甜点、茶、咖啡。

❸ 固定菜单　固定菜单是指西餐厅每天都提供相同菜式的菜单。适用于就餐顾客较多，且流动量大的商业型西餐厅。固定菜单的设计、计划和装帧需要特别仔细和审慎的准备工作，因为这种菜单相对稳定，餐厅的固定菜单可以使用一个季度、半年甚至一年。固定菜单具有利于成本控制、劳动力的安排和设备的充分利用的优点。但在经营上缺乏灵活性，缺乏创新。

❹ 周期循环式菜单　周期循环式菜单是指西餐厅或咖啡厅，按一定天数周期循环使用的菜单，是用于覆盖一段时间内的编制好的菜单。这种菜单适用于大堂酒吧、咖啡厅、西餐厅、宴会厅、美食店等。目前许多企业的餐厅，大都以一个星期为周期。循环式菜单具有菜品翻新快、不单调、避免厌烦的优点，但也具有剩余食物不便利用、采购麻烦、库存品种增加、使用设备多但使用率低的缺点。

❺ 宴会菜单　宴会菜单是西餐厅或宴会厅推销菜品的一种技术性菜单。宴会菜单通常体现出西餐厅或宴会厅的经营特色，菜单上的菜系是该餐厅比较有名的美味佳肴，同时，餐厅可以安排一些时令菜式。宴会菜单也经常根据宴请对象、宴请特点、宴请标准或宴请者的意见而随时调整。特别适用于大的宴会，有固定的价格，类似于套餐菜单，只有少量的选择，可以是 4～8 道菜或是更多。

二、按照西餐销售地点设计的菜单

不同销售地点，反映出不同的西餐需求。咖啡厅菜单反映大众化的需求，扒房菜单反映精细化

的需求，宴会菜单反映菜肴的道数和礼节，客房用餐菜单反映清淡化的需求。按照西餐销售地点的不同，西餐菜单可以分为以下几种不同的菜单。

❶ 咖啡厅菜单 一般咖啡厅具有方便、快速、简洁以及用餐时间较短的特点，所以咖啡厅菜单上的菜式数量少、售价低、菜品用料普通。有些咖啡厅的菜单，受到管理者个人喜好等因素的影响，个性化、艺术性特征比较强。

❷ 扒房菜单 扒房菜单庄重，制作高档，颜色常以暖色调为主。固定式零点菜单常采用此类风格，一般内容按照开胃菜、汤、沙拉、海鲜、扒菜、甜点、各式奶酪及酒水等方式体现。一般扒房只销售午餐和正餐，并对就餐者的着装有一定要求。

❸ 快餐厅菜单 一般指西式快餐厅菜单，此类快餐厅菜单多采用一次性纸张式或挂墙式菜单，这种情况主要取决于顾客对经济、实惠、快捷和自我服务习惯的要求。

❹ 客房送餐菜单 客房送餐菜单，是酒店为顾客提供客房服务的一种服务形式，是酒店餐饮的一大特色。由于客房输送的现实困难，客房送餐只能提供有限的菜单内容。

任务三 西餐菜单的结构

一、传统西餐菜单的结构

传统西餐菜单一般包括冷前菜、汤类、热前菜、鱼类、大块菜、热中间菜和冷中间菜、冰酒、炉烤菜附沙拉、蔬菜、甜点、开胃点心及餐后点心 12 个项目。

❶ 冷前菜 冷前菜为传统西餐宴会中的第一道菜，因其具有开胃作用，也称作开胃菜。

❷ 汤类 西餐中汤可分为清汤与浓汤，供顾客自由选择。西餐的第二道菜为汤，与中餐宴席汤品位次有较大差异。

❸ 热前菜 热前菜主要是以蛋、面或米类为主所制备的热菜，主要用于西餐正式宴请中，一般分量较小。

❹ 鱼类 鱼类主要采用海产鱼类，也包含虾、贝类等其他水产原料，在宴会安排上置于家畜肉之前。

❺ 大块菜 大块菜也称为主菜，主要是对整块的家畜肉加以烹调，其原料取自牛、羊、猪等各个部位的肉，其烹调常用烤、煎、铁扒等方法。

❻ 热中间菜和冷中间菜 热中间菜和冷中间菜两类菜肴，是西餐的主菜，安排在大块菜与炉烤菜之间进行上菜，其主要切割成小块再加以烹调。

❼ 冰酒 冰酒是一种果汁加酒类的饮料，可调节味觉，并让用餐者的胃稍作休息，一般安排在宴会中间。

❽ 炉烤菜附沙拉 炉烤菜作为大块菜的补充，主要是以禽类为主料，包括大块的家禽肉或野禽，并搭配沙拉。

❾ 蔬菜 蔬菜在西餐中称为沙拉，一般安排在肉类菜肴之后，也可以作为主菜盘中的装饰菜。其作用为增加主菜的色、香、味，均衡营养，搭配主菜颜色。

❿ 甜点 西餐的甜点是主菜后食用的，以甜食为主，冰激凌也包含在内，所以有冷热之分。

⓫ 开胃点心 开胃点心属于英式餐后点心，味道很浓。

⓬ 餐后点心 餐后点心仅限于水果或者小甜点、巧克力糖，表示所有的菜品已全部服务完毕。

二、现代西餐菜单的结构

由于现代社会节奏的加快，顾客对菜式选择上较传统宴会有较大的差异性，使得西餐菜单的内

容不断简化，从而将传统西餐菜单重新归类为 7 个项目，分别为前菜、汤、鱼、主菜或肉、冷菜或沙拉、餐后甜点及饮料。

❶ **前菜**　前菜是西餐宴会中第一道菜，一般呈现分量较少、味道清新、色泽鲜艳的特点，又因为具有开胃、刺激食欲的作用，所以也称为开胃菜、头盆或头盘。欧美现代常见的前菜有鸡尾酒开胃菜、俄国鱼籽酱、鲑鱼片、鹅肝酱、各式肉冻、冷盘等(图 7-1-2)。

❷ **汤**　汤是西餐宴会中的第二道菜，因为与其他菜的特性不同，具有增进食欲的作用，顾客常喜欢餐前喝汤来开胃，所以一直放于宴会前列。

❸ **鱼**　鱼是西餐的第三道菜，也称为副菜，位置在汤与肉中间。由于鱼肉质鲜嫩，比较容易消化，所以新式西餐菜单一直保留(图 7-1-3)。

图 7-1-2　俄式开胃菜(热量较高)

图 7-1-3　鱼是西餐的第三道菜

❹ **主菜或肉**　主菜或肉是西餐宴会的第四道菜，是主角，其制作材料通常选择大块肉、鱼、家禽等，必须搭配蔬菜，常用的配菜为各色蔬菜、土豆等。

❺ **冷菜或沙拉**　冷菜或沙拉是西餐宴会的第五道菜，安排在肉类菜肴之后。生蔬菜沙拉一般采用生菜、西红柿、黄瓜、芦笋等制作，与主菜同时服务。用鱼、肉、蛋类制作的沙拉一般不加调味汁，可以作为头盘(图 7-1-4)。

❻ **餐后甜点**　餐后甜点是西餐宴会的第六道菜，包括所有主菜后的食物，如布丁、煎饼、冰激凌、奶酪、水果等。用现代营养学说明其意义：因餐中食用大量的肉类蛋白质，补充一定量的碳水化合物可以有效减少生酮作用，维持身体的健康(图 7-1-5)。

图 7-1-4　沙拉

图 7-1-5　餐后甜点

❼ **饮料**　西餐宴会的最后一道，主要以咖啡、果汁或茶品为主，可提供热、冷饮。咖啡一般要加糖和淡奶油，茶品一般要加香桃片和糖。

项目二

西餐菜单设计

项目导论

菜单设计是一项既复杂又细致的工作，它对餐饮产品的推销起着关键的作用。过去一些餐厅或者酒店在设计菜单时，都希望尽量扩大营业范围，认为菜肴和点心的品种越多越好，希望通过多多益善的经营思维达到吸引顾客消费的目的。随着餐饮经营思想的革新和发展，为了避免食品成本和人力资源的浪费，降低经营管理的费用，最大限度锁定有效的企业目标顾客群，对于新菜单所提供的产品内容，要有针对性地进行设计，利用优势资源，最大限度发展和满足顾客。

设计菜单时，要充分了解企业自身的设备、人力及掌握的软硬件资源条件，做细致缜密的市场调查，研究目标顾客的需求。只有认真做足这些功课之后，设计出来的菜单，才能在满足顾客需求的基础上，为企业长期盈利服务。

餐厅主要通过菜单来实现菜品的营销。一份高质量的西餐菜单，并不是简单地罗列几个已知的菜名，而是需要餐厅人员集思广益、群策群力，设计出最受顾客欢迎的菜肴。同时还需要将餐厅所有经营的菜品信息，包括菜品的主辅料、烹制方法、风味特色、营养成分、数量和重量、价格及其他餐饮信息等设计在菜单上，以方便顾客认知。西餐菜单的形式设计，是西餐餐厅经营者对菜单的形状、大小、风格、页数、字体、色彩、图案及菜单的封底与封面的构思与设计。其外观必须达到色彩丰富、有特色、洁净无瑕、引人入胜的特点。

项目目标

1. 掌握西餐菜单设计的原则。
2. 熟悉西餐菜单设计的步骤。
3. 熟悉西餐菜单设计的内容。
4. 掌握西餐菜单形式设计的方法。

任务一 西餐菜单设计原则

一、市场适应性原则

菜单设计是西餐餐厅经营活动的重要一环。菜单设计前，一定要确立目标市场，确定经营方向，了解顾客的需求，根据他们的口味、喜好设计菜单。只有如此，菜单才能方便顾客阅览、选择，才能吸引顾客，刺激他们的食欲。同时，还应了解餐厅的人力、物力和财力，量力而行，对餐厅的技术、市场供应等情况做到胸中有数、确有把握，以筹划出适合餐厅经营的菜单，确保获得较高的销售额和毛利率。

二、餐厅形象和特色统一原则

菜单可以准确地把餐厅形象和价值观传递给顾客，菜单的设计要突出餐厅的形象，彰显餐厅的价值观。菜单的主色调与餐厅形象的主色调要协调统一。突出端庄与古典韵味的菜单设计，可以彰显餐厅的高端与工艺严谨，而色调选择上往往以暗黑色系为主；红色、黄色等亮色系往往是年轻时尚、热情奔放的快餐品牌的选择；以绿色等健康色调往往是主打健康的轻食、蔬果以及果汁饮品的店铺的选择。

三、经济效益性原则

考虑菜品的市场销售状况及其盈利能力是西餐厅菜单设计的根本出发点。菜品的价格过高或过低，会影响顾客的购买积极性或降低餐厅毛利率。在菜单设计时，尽可能减少高成本菜的毛利率而提升低成本菜的毛利率。西餐菜单设计要兼顾经济价值，在菜单的菜品分布上要求有超低价的特色菜，有利润最高的主打菜，有出餐最快的招牌菜，让顾客不知不觉中多花了钱，还感觉物超所值。

任务二　西餐菜单设计步骤

一、确定经营方向和形式

经营策略和经营方针是一个西餐餐厅经营的基本方向，必须要明确和坚定，选择合适的西餐经营方式，可以按照餐厅不同顾客的需求选择零点或套餐或自助餐等不同的菜单种类。

二、明确经营菜点种类及设备类型

确定菜肴的种类，包括品种、数量、质量标准及风味特点等，进而确定原材料的品种和规格，以及选择使用不同加工类型的半成品原料或方便型原料。参照确定的菜肴种类选择适合的生产设施、生产设备及工具。

三、进行成本核算

明确餐厅经营成本的组成，核算出原材料成本、人工成本、水电燃料成本及其他经营费用，确定菜肴的成本，并给出合理的菜品定价。

四、设计出实用菜单

从餐厅的实际需要出发，结合餐厅经营策略、菜品原材料供应情况、设备工具情况、菜品的成本及顾客对价格的期望，设计出符合餐厅实际需求的菜单。

五、菜单的修正与完善

在一段时间内，可以参照菜品的销售统计、菜品成本核算及餐厅获得的利润等，对菜单进行评估和改进。征求顾客及服务者对菜单的反应，然后进行一定的修改，进一步完善菜单。

任务三　西餐菜单内容设计

一、套餐设计

影响西式套餐菜单设计的因素有很多，如价格、顾客的需求、时令季节、厨师的水平、软硬件配备

等。套餐的菜式数量并不固定，一般是四道，包括开胃菜、汤、主菜和甜品。

❶ **开胃菜** 开胃菜可冷可热，但总的原则是量不大，味道比较清爽，颜色比较靓丽，以达到刺激食欲、开胃的作用。

常见的开胃菜有鹅肝酱(图 7-2-1)、三文鱼鱼籽酱(图 7-2-2)、各式开胃冷切肠、沙拉等。

图 7-2-1 鹅肝酱

图 7-2-2 三文鱼鱼籽酱

❷ **汤** 可以根据时令、季节和顾客的喜好等因素做设计，常用的汤类有蘑菇汤、南瓜汤、意大利蔬菜汤、罗宋汤、龙虾汤、海鲜周打汤、马赛浓汤(图 7-2-3)等。

❸ **主菜** 相对于开胃菜和汤来说，主菜的分量相对较大，可分为三个部分，主料、配菜和酱汁。主料多为牛肉、羊肉、鸡肉和鱼类等；配菜一般包括土豆和时蔬，土豆的做法有炸薯条、土豆泥、香草烤土豆等，配菜根据时令而有所变化；酱汁根据主料的选择而搭配，常见的有黑椒汁、蘑菇汁、红酒汁、牛肉汁、宾尼士汁等(图 7-2-4)。

图 7-2-3 马赛浓汤

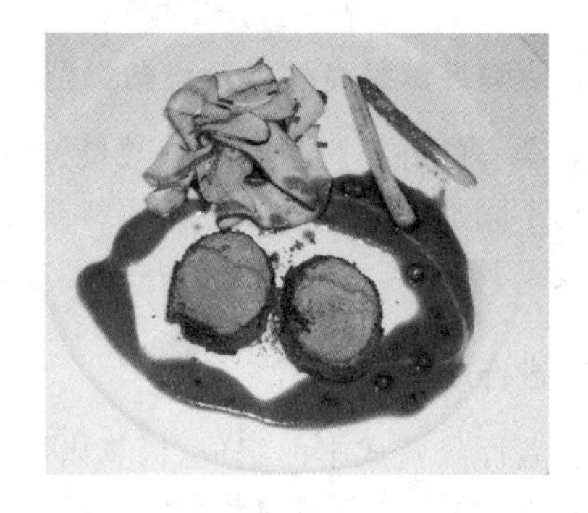

图 7-2-4 烤小羊肉配黑胡椒少司

图 7-2-5 餐后甜点

❹ **甜品** 可以单独一个甜品成菜，也可以是 2～3 种甜品搭配做成拼盘，可冷可热，亦可与冰激凌、水果等组合成一道特色甜品。常见的甜品有各式慕司蛋糕、芝士蛋糕、各式布丁等(图7-2-5)。

二、零点菜单设计

零点菜单的设计是一个系统的工程，需要考虑的因素包括餐厅经营目标方向，菜品制作团队的操作水平，食材来源是否稳定，客源的期望值和接受度等。

一套出色的零点菜单，对设计的要求比较高，一般需要设计者具备以下条件。

(1) 有较长时间的餐饮工作经历，对西餐烹调知识掌握得较好，熟悉西式菜肴的制作方法、时间和设施设备，对西式菜肴制作工艺、摆盘搭配、营养、餐具选择、西式用餐礼仪等都要有充分的认知和掌握。

(2) 对西式烹调的各种原材料知识有广泛的认知，熟悉这些食材的种类、规格、品质、产地、上市时间及价格等。

（3）了解餐厅自身的软硬件水平、菜品的特点，熟悉设施设备及厨房人员的生产能力，否则再好的菜单也是无效的设计。

（4）菜单的设计过程要广泛收集顾客的反馈意见，调研相关餐饮市场的情况。在正式推向市场前，还应邀请员工和顾客做菜品的模拟试吃和考评，根据反馈做必要的调整。这样的菜单，才是能够经得起市场考验的有竞争力的菜单。

三、鸡尾酒会菜单设计

鸡尾酒会的特点是站立用餐，顾客可以随意走动，形式灵活。菜单设计时，须考虑鸡尾酒会的主题、顾客的需求等特点。

（1）鸡尾酒会的种类很多，可能是商务酒会、欢送酒会，也可能是私人或团体宴请酒会。酒会主题不同，菜单的设计菜品和餐桌装饰也应有差异。大型鸡尾酒会常常用冰雕、花卉或者食品雕刻等装饰来突出主题性。

（2）鸡尾酒会的菜品数量不宜太多，分量不宜太大，菜量多为一口食，从而方便服务人员以托盘的方式为顾客提供移动式的餐点服务。餐点一般有冷菜类、简易热菜类、坚果类、小甜点类和酒水类等种类。

（3）鸡尾酒会的食品，口味不宜太浓重，以突出食材的本味为主，避免刺激性或过于油腻的食物。

四、冷餐会菜单设计

冷餐会，顾名思义以冷菜为主，不过，也可以按照接待需求和顾客要求，适量提供一定比例的热菜。冷餐会的菜单设计，同样需要考虑菜单的整体性和主题性，提前了解顾客的意见和用餐习惯。冷餐会菜单有如下特点。

（1）冷餐会用餐形式较为自由，可坐可立，可随意走动，也可选择与他人一起共同用餐，食品多放置在餐台上，供顾客自由取食。因此，冷餐会的菜品选择更为丰富多样。

（2）冷餐会的开胃菜一般包括各式沙拉、冷切拼盘、三明治、各式寿司等。

（3）冷餐会的热菜可选择各式比萨、迷你汉堡、烧烤肠仔、各式肉串等。

（4）冷餐会的甜品选择也很广泛，各式蛋糕、冰激凌、现场制作甜点等均可。

五、自助餐菜单设计

自助餐菜单的设计制作是一项系统工程，通常包括开胃冷菜、蔬菜沙拉、中西式冷菜、寿司刺身、冰镇熟海鲜、各式汤类、各式中西式热菜、包饼类、甜品类、水果类、各式特色明档等（图 7-2-6）。

图 7-2-6　某餐厅早餐自助餐台

自助餐菜单的设计须考虑以下原则。

（1）菜品以市场需求为导向，迎合消费者的需求，这样才能被顾客认可。菜单设计时用餐厅特色或高价值的菜品来吸引顾客，扩大在市场上的影响力和认同感。

（2）根据餐厅软硬件条件设计菜品种类，同时考虑餐台的形状大小及分布状况、餐厅座位的容纳量、厨房设备及人力配备等因素。

（3）设计时应考虑不同季节的物产，以及早中晚不同餐段的价格等成本因素。

（4）针对特殊节日和活动，菜单也要及时调整，让顾客体会到节日的气氛，如圣诞节、万圣节、复活节、情人节等。

（5）美食节菜单的设计，通常根据主题来设计，一般由美食节主推菜肴和餐厅的特色菜肴组成。明档制作、美食节主推菜肴是常用的方式。

任务四 西餐菜单美术设计

一、西餐菜单封面与封底的设计

❶ 西餐厅形象可以通过西餐菜单的封面来反映 西餐菜单封面能够体现出餐厅的风格类型、风味特色、星级档次及西餐厅的名称等。

❷ 菜单封面的颜色与餐厅整体颜色格调相统一 菜单封面的颜色与餐厅整体颜色格调相统一或是与餐厅某些局部颜色形成反差,使得菜单亦可以作为餐厅色彩风格的点缀。

❸ 餐厅名称必须体现在菜单的封面上 餐厅名称代表了菜肴的归属。菜单封面上的餐厅名称一定要有特色,要简单、易读、易记,以便传播而增加餐厅的知名度。

❹ 其他信息 餐厅的地址、电话号码、营业时间、经营特色及其他营业信息等需要出现在菜单的封底,这样可以让顾客能够获取更多餐厅的信息,从而扩大餐厅的影响力。

二、西餐菜单的文字设计

菜单上的文字可以向顾客提供有效的产品信息及其他经营信息,文字在西餐菜单设计中起着重要的作用。

❶ 字体选用 选择字体时第一要考虑的是餐厅的风格。一般分类标题和菜点名称可用不同的字体。

❷ 字体大小 菜单上的字体不宜太小,以使顾客能在餐厅的光线下阅读清楚为准。一般分类标题的字体要大于菜点名称。

❸ 字行距 两行之间至少留有 3 倍行距。

❹ 字体颜色 通常情况下,底纸采用白色或淡色(奶白、象牙白、棕黄或灰色),铅字是用黑色印刷的。慎用“翻白”,即黑底白字印刷。

三、菜单纸张的选择

菜单代表了餐厅形象,菜单质量的优劣与菜单所选用的纸张有很大的关系。如果餐厅使用一次性菜单,菜单内容每天更换,这种菜单应当印在比较轻巧、便宜的纸上,不必考虑纸张的耐污、耐磨等性能。如果餐厅有意使菜单耐用,那么应当选用质地精良、厚实的纸张,同时还必须考虑纸张的防水、防污、去渍、防折和耐磨等性能。

四、菜单的形状、大小与页数安排

西餐菜单最适用的形状是长方形,但也有其他不同形式的菜单类型。很多餐厅的菜单正文都是以 16 开普通纸张制作,这个尺寸会造成菜单上菜肴名称等内容排列过于紧密,主次难分,有的菜单页数竟有几十张,无异于一本小杂志。所以,制作西餐菜单应注意采用适合的规格和装帧方式。

西餐菜单是西餐厅为顾客提供菜肴目录和价格的说明书,菜单设计是西餐经营的关键和基础。应将餐厅所有的菜肴信息显示在菜单上。菜单定价是菜单筹划的重要环节。菜单价格不论对顾客选择企业,还是对企业的经营效益都是十分重要的。

西餐菜单设计是管理人员、厨师长和专业美工人员对菜单的形状、大小、风格、页数、字体、色彩、图案及菜单的封底与封面的构思与设计。

任务五　完整的西餐菜单

一份完整的西餐菜单应包括以下项目。

❶ **菜品的名称与价格**　菜单上的菜品名称要真实，外文名称要规范、正确，菜品的质量要真实，菜单上所列的菜品要保证供应，同时菜品价格要合理。

❷ **菜品的介绍**　菜单上的菜品需要标注主要配料及一些独特的少司或调料，菜品的烹调方法及服务方法，还有菜品的份额大小。

❸ **告示性信息**　菜单上需要标识餐厅的名称、风味特色、地址、电话、商标、经营时间及服务加收的费用等。

❹ **机构性信息**　有些菜单上介绍餐厅的历史背景和餐厅特点等。

主要参考文献

[1] 高海薇.西餐工艺[M].北京:中国轻工业出版社,2016.

[2] 唐进.西餐烹调教程[M].北京:中国轻工业出版社,2015.

[3] 法国保罗·博古斯厨艺学院.博古斯学院法式西餐烹饪宝典[M].北京:中国轻工业出版社,2017.

[4] 薛伟.西餐工艺学[M].重庆:重庆大学出版社,2019.

[5] 冯玉珠.烹调工艺学[M].4版.北京:中国轻工业出版社,2014.

[6] 郭亚东.西餐工艺[M].北京:高等教育出版社,2003.

[7] 丁建军,张虹薇.西式烹调工艺与实训[M].北京:高等教育出版社,2015.

[8] 王芳.西餐原料鉴别与选用[M].重庆:重庆大学出版社,2015.

[9] 何江红.中西式快餐[M].上海:上海交通大学出版社,2011.

[10] 人力资源和社会保障部教材办公室,中国就业培训技术指导中心上海分中心,上海市职业技能鉴定中心.西式烹调师[M].北京:中国劳动社会保障出版社,2015.

[11] 徐迅.刍议西餐菜肴的装饰艺术[J].吉林广播电视大学学报,2013,24(9):127-128.

[12] 李顺发,朱长征.西餐烹调技术[M].北京:中国轻工业出版社,2017.

[13] 韦恩·吉斯伦.专业烹饪[M].4版.大连:大连理工大学出版社,2005.

[14] 闫文胜.西餐烹调技术[M].2版.北京:高等教育出版社,2016.